AF744943

MARCIEN TOWA

Progrès scientifiques et émancipation des peuples

Siméon Clotaire MINTOUMÈ

MARCIEN TOWA

Progrès scientifiques et émancipation des peuples

Préface de Charles Romain Mbele

L'Harmattan
Cameroun

© L'Harmattan, 2021
5-7, rue de l'Ecole-Polytechnique, 75005 Paris

http://www.editions-harmattan.fr

ISBN : 978-2-343-22099-4
EAN : 9782343220994

Préface

« De la valeur morale élevée de la puissance matérielle »

J'ai eu en main la première mouture du livre de Siméon Clotaire Mintoumè en juillet 2019. C'était en des temps apparemment plus calmes, c'est-à-dire pendant la drôle période caractérisée par le semblant d'insouciance qui a accompagné le *doing business* installé par le néolibéralisme à travers l'Afrique et son exacerbation désinhibée des passions et des pulsions mauvaises en vue de l'accaparement, de l'accumulation sans frein et de la débrouille criminelle. Ce tournant mandevillien du capitalisme en Afrique affirme que les vices privés font la prospérité publique. À l'époque, je dois avouer que la lecture de cet essai m'avait déjà troublé et questionné. Je ne comprenais pas pourquoi une pensée libérale critique de l'autoritarisme et du « despotisme politique » ou « familial » s'intéressait à la pensée de Marcien Towa aux antipodes de la sienne, notamment le fait que S.-C. Mintoumè était au courant d'une part que Marcien Towa fût pour la modération des pulsions, et d'autre part, que le philosophe camerounais fût accusé dans les années 80 par Basile-Juléat Fouda d'être le fourrier de « l'absolutisme » ou de l'autoritarisme » politique et idéologique.

Le trouble était lié au fait que l'auteur de ce texte s'éloigne de façon explicite de tout autoritarisme pour donner sa faveur au syntagme « démocratie-liberté-droits de l'homme ». Par-là, il semble être en effet proche des formes de la démocratie libérale proposées à la conscience africaine par les relais africanistes de l'hégémonie du camp occidental : ils le font par le biais des courants méthodologiques regroupés autour de ce qu'il est convenu d'appeler la pensée postcoloniale. Cette vaste fumisterie de la manipulation idéologique est le surgeon tropical du postmodernisme, de la philosophie de la mondialisation libérale, car il n'y a guère pour elle de disjonction possible entre l'histoire de la nation et celle de l'Empire.

Or, contre la violence historique qu'apporte ce « capitalisme inédit », Marcien Towa a inlassablement travaillé pour la réalisation des « droits collectifs ». De ce point de vue, il a théorisé une autre conception de la démocratie. Celle-ci renvoie à la création des écoles pour encourager l'extension indéfinie du savoir par l'éducation (question sur laquelle S.-C. Mintoumè consacre dans ce livre de longs développements à partir de la pensée de Marcien Towa), et au besoin de fonder et d'investir massivement dans les universités, les centres de recherches, les infrastructures de santé, le travail productif dans un cadre industriel attentif à l'écologie, le travail social, etc. Il en est ainsi parce que la praxis radicale conceptualisée par le philosophe camerounais exige l'intervention des masses populaires dans l'histoire, notamment par la communication la plus élémentaire et la plus essentielle qui pose le besoin de recourir aux langues africaines. À travers la masse du peuple, la continuité historique se maintient dans la volonté de rupture absolue avec le passé, car l'intervention des masses populaires dans l'histoire permet que les éléments morts de nos cultures soient consumés, alors que se purifient les éléments vivants dans et par la lutte historique. Aussi, du point de vue de la réponse aux exigences qui s'imposent à nous (et que nous devons affronter), Marcien Towa a-t-il pensé en effet qu'« aucun développement culturel d'envergure ne sera possible en Afrique avant qu'elle n'édifie une puissance matérielle capable de garantir sa souveraineté et son pouvoir de décision non seulement dans le domaine politique et économique, mais aussi dans le domaine culturel. Notre infériorité matérielle met notre culture à la merci des puissances de notre temps » (*Essai,* pp. 51-52).

En fait, dans ce livre, S.-C. Mintoumè a fait son choix. Comment l'expliquer ? La réponse aux paradoxes évoqués plus haut m'est apparue clairement lorsque j'ai commencé à réfléchir à la rédaction de ce propos au moment des temps difficiles auxquels notre humanité est désormais exposée avec l'irruption de la pandémie du Covid-19 qui a bloqué une économie mondiale gagnée jusque-là par une *hubris* néolibérale entée par les flux des objets, la fluidité et la flexibilité. Il m'est alors apparu que le choix de Marcien Towa par S.-C. Mintoumè n'est pas dû au hasard. Malgré ses propres options philosophiques, ce dernier admire d'une part la vision sociale fondée sur l'égalité et la justice. Il pense par ailleurs que la perspective d'une maîtrise de la science appliquée élaborée par Marcien Towa est une voie rationnelle et raisonnable pour nos sociétés, avec, d'une part, au plan organisationnel, le besoin de l'unité de l'Afrique, et d'autre part au plan politique, le travail pour réaliser le socialisme, c'est-à-dire le désir d'en finir avec les inégalités, l'exploitation et les exclusions.

Cette option devient plus claire aujourd'hui. Car, même si la catastrophe annoncée par le discours tragique en ce qui concerne l'Afrique ne s'est pas produite, la crise sanitaire a montré les insuffisances criardes de nos sociétés avec le poids négatif des institutions et des bailleurs de fonds internationaux sur nos choix de société, au nom des équilibres budgétaires. Plus grave encore, la crise sanitaire nous a confrontés à la faiblesse de notre tissu industriel et productif, nous mettant sous la dépendance des autres, de leurs approvisionnements, de leur argent. Le recul critique nous impose de « changer de cap », pour penser notre destin et notre avenir, contre les acteurs extérieurs, en comptant d'abord sur nos propres forces. D'où l'actualité de la pensée de Marcien Towa. Le philosophe camerounais a en effet insisté sur le besoin pour les Africains de maîtriser par et pour eux-mêmes la civilisation industrielle, au lieu de se contenter des positions identitaires liées à des visions magico-religieuses qui prolongent la négritude et ne veulent pas faire entrer en laboratoire les savoirs traditionnels comme on le voit avec les « savoirs endogènes » ou « hétérodoxes » qui ont fleuri à l'occasion du Covid-19.

S.-C. Mintoumè s'intéresse dans ce travail à cet aspect et met ensemble la question des progrès scientifiques et celle de l'émancipation des peuples. Il pose donc ces deux questions comme les conditions de possibilité de l'émergence des pays africains à la modernité. Il touche ainsi du doigt ce qui fait l'originalité de la pensée de Marcien Towa qui est, pour lui, « un philosophe moderne ». En effet, la philosophie de Marcien Towa est originale parce que la question des progrès scientifiques lui permet d'élaborer une philosophie de l'histoire cohérente et une philosophie morale et politique qui peuvent être dégagées de la question de la puissance de l'Afrique par le biais de la maîtrise de la civilisation industrielle : elle revêt pour Marcien Towa une « valeur morale élevée » (*Identité et Transcendance,* p. 344) parce que la puissance matérielle en cours de généralisation est à ses yeux la condition essentielle d'une humanité réconciliée. De fait, l'inégalité de puissance matérielle entre les classes et entre les peuples permet la domination, l'oppression de l'homme par l'homme, sources de destruction des valeurs et de stérilisation des cultures. Avec la prédominance de l'égalité dans les rapports entre les hommes aussi bien à l'intérieur des sociétés qu'entre les peuples, les formes d'organisation en général deviendront plus conformes à la nature profonde des êtres humains qui est fondamentalement la même. Les peuples pourront alors négocier pour savoir comment désormais aménager la nature sans la détraquer. L'humanité s'efforcera de prendre en charge la crise écologique et d'en finir avec la relégation d'une catégorie de personnes hors de la substance de la société.

Pour S.-C. Mintoumè, cette perspective fait que la philosophie de Marcien Towa reste toujours actuelle parce qu'elle va contre les détestables poncifs tragiques qui pensent que l'Afrique n'est pas suffisamment entrée dans l'histoire. Pour montrer cette actualité, l'auteur met en avant une idée essentielle de Marcien Towa : les peuples africains doivent avoir pour dessein fondamental de devenir aussi puissants que l'Europe, en introduisant le « secret » de la puissance européenne dans leurs propres cultures. Aussi la question de notre maîtrise de la science et de la technique reste-t-elle au cœur des débats actuels. Sans prétendre à l'exhaustivité, on peut la voir au nombre des thèses qui s'affrontent encore au sein de la conscience africaine depuis des décennies. La plus ancienne est celle selon laquelle la maîtrise de la science doit rester un simple emprunt, une simple addition laissant « intacts les anciens éléments culturels ». Cette vision a été partagée par une partie de la conscience asiatique, arabe, etc. La Chine en est sortie avec le « Mouvement du 4 mai 1919 ». Pour Marcien Towa, la maîtrise de la science et de la technique ne peut être « une paisible greffe » qui opérerait sans heurts les transformations désirées. La culture africaine doit être révolutionnée de fond en comble : l'introduction du secret européen dans notre univers implique une rupture avec notre culture, avec notre passé, c'est-à-dire avec nous-mêmes. Si nous avons été vaincus par l'Europe, c'est parce qu'il y a dans notre identité culturelle passée ou dans notre être particulier tel qu'il provient du passé des lacunes et des insuffisances qui ont été la cause de notre défaite. De ce point de vue, notre identité particulière doit être révolutionnée de fond en comble, pour que nous affirmions sur la scène de l'histoire universelle notre humanité qui, comme toute humanité libre, est créatrice de culture, et donc dispose du pouvoir de conception, de signification, de décision et de réalisation.

Il n'est donc pas question pour Marcien Towa de faire une allégeance inconditionnelle à la culture africaine, de nous y enfermer comme le font aujourd'hui ceux qui continuent à fantasmer une voie spécifique, dionysiaque, paranormale, celle des savoirs locaux, endogènes, hétérodoxes. Pour Marcien Towa, la dialectique de la libération ne doit pas hésiter à critiquer le legs culturel de l'Afrique s'il gêne le dessein d'affirmation et d'émancipation des peuples africains. Elle doit surtout maintenir une franche et profonde ouverture aux apports positifs et révolutionnaires de la civilisation européenne, car celle-ci reste disponible à partir de la dialectique de nos besoins. En d'autres termes, pour Marcien Towa, la tendance dialectique doit intégrer de manière critique les aspirations à l'identité ainsi que l'impératif de la technoscience, mais en tant que possibilité de la libération.

S.-C. Mintoumè insiste sur la contestation des affirmations de Marcien Towa sur la maîtrise de la civilisation industrielle par les autres philosophes africains. Il évoque notamment le Camerounais Pius Ondoua et l'Ivoirien Lazare Marcellin Poamé qui pensent que l'autorévolution à laquelle appelle Marcien Towa est une invitation à l'autonégation, en tant qu'elle se donnerait comme un « assujettissement assumé ». Cette thèse qui accuse Marcien Towa de proposer l'aliénation culturelle des peuples africains n'est pas nouvelle, elle ne date pas des années 2000. Elle remonte à la fin des années 70. Dans *La Crise du Muntu. Authenticité et philosophie africaine* (1977), Fabien Eboussi Boulaga en donne l'expression la mieux articulée du point de vue philosophique et politique. Pour lui en effet, Marcien Towa prônerait la haine de soi, l'assimilation et le mimétisme, en somme l'européanisation pour accéder à l'univers scientifique. Pourtant il n'y a nul éloge de l'aliénation pure et simple dans les propos de Marcien Towa, mais un rapport dialectique à l'Europe. Il prend notamment en compte ce que la « première démarche » de la conscience africaine avait de « juste », à savoir « l'idée que la civilisation occidentale recèle une arme secrète dont il importe absolument de s'emparer pour sortir de la raque de l'histoire » (*Essai,* p. 40). Ce secret n'est pas une recette rapidement maîtrisable lorsqu'il y a « une profonde différence de cultures » : « S'emparer du "secret" de l'Occident doit dès lors consister à connaitre à fond la civilisation occidentale et à l'introduire dans notre propre culture » (*Essai*, p. 40). Cette philosophie de l'histoire suppose qu'il y a un aspect de la civilisation humaine que l'Europe a maîtrisé, à savoir la puissance qui vient de la science et la technique. Elle le fait alors que, comme toutes les autres, elle a d'abord baigné dans une civilisation agropastorale, après celle lithique.

En fait, la civilisation technique et scientifique qui naît en Europe à la fin de la Renaissance donne une telle puissance sur les éléments que ceux qui la maîtrisent en profitent pour dominer les plus faibles. Cela a permis à l'Europe de vaincre et de dominer les Africains. Pour se libérer de la domination occidentale, il est essentiel que les Africains introduisent cette dimension de la culture humaine dans leur civilisation propre. Ils seront alors aussi puissants que les Européens, et donc « incolonisables » par l'Europe. Marcien Towa a pensé que cette orientation nouvelle qu'il donne à la philosophie doit permettre la renaissance de l'Afrique. En effet, ce sont les peuples qui n'ont pas voulu perdre leur quintessence nationale qui l'ont définitivement perdue en se perdant. Seuls les peuples – comme le peuple russe avec les mouvements animés par des intellectuels tels Herzen, Bielinski ou le peuple chinois avec

« Le Mouvement du 4 mai 1919 » – qui ont rompu avec leur essence passée ont pu sortir de la domination européenne. On a vu ces peuples renaître et renouveler leurs cultures parce qu'ils ont décidé de maîtriser ce qui fait la force de la civilisation européenne. Il en est ainsi, affirme Marcien Towa, parce que « la liaison avec le passé est encore maintenue à travers et par-delà la coupure révolutionnaire, en raison de l'inéluctable identité du révolutionnaire et du révolutionné. L'univers contre lequel s'acharne le révolutionnaire le constitue lui-même dans son être le plus intime. Son ardeur destructrice dirigée contre cet univers est donc aussi dirigée contre lui-même. Toute révolution est autorévolution, autotransformation radicale. Le sujet historique se dédouble et s'objective, c'est-à-dire il existe à la fois comme sujet qui opère la révolution et comme objet qui doit être révolutionné. Le passé subsiste dans le présent en ceci que notre situation présente résulte du passé. Ce que nous avons en propre, c'est-à-dire notre essence, provient de notre passé. Là réside le fondement du fait que le passé constitue une dimension inéluctable de tout ce qui peut être entrepris dans le présent. Par-là, il devient la base de tout projet en ce qu'il constitue précisément le problème à résoudre, le donné à révolutionner. En outre, c'est seulement avec les moyens que fournit le présent que l'on peut le révolutionner. Par exemple le processus d'appropriation du secret de l'autre et la destruction de tout ce qui en nous s'y oppose, nous ne pouvons le mener à bien qu'en prenant appui sur nous, c'est-à-dire, sur nos ressources humaines, tirées du fond le plus précieux de notre être, savoir, de notre provenance historique » (*Essai,* pp. 48-49).

Je m'excuse pour cette longue citation, mais, comme tant d'autres textes à la dialectique serrée, elle éloigne d'une lecture de Marcien Towa qui glose sur l'aliénation, le reniement, la négation de soi inaugurale qu'il proposerait à l'Afrique. Il est heureux que S. C. Mintoumè apprécie la perspective de Marcien Towa qu'il désigne chaleureusement comme un « philosophe moderne ». Il accepte sa thèse fondamentale : nous devons et nous pouvons nous affirmer dans le monde moderne, comme les Asiatiques qui ont désormais intériorisé la technoscience comme un aspect essentiel de cette phase de la civilisation universelle. Marcien Towa pensait qu'il faut que les Africains aient devant les yeux l'exemple des Asiatiques, notamment des Chinois qui se servent de la technoscience pour se libérer du joug de l'impérialisme européen.

Mais cela suppose deux orientations intellectuelles essentielles. D'abord, il faut ajouter à cette perspective le besoin d'une lutte acharnée et ardue pour la réalisation du panafricanisme, des États-Unis d'Afrique : il nous faut prendre conscience de nos besoins et de nos aspirations les plus profondes pour nous constituer en un grand ensemble, comme les grands ensembles qui comptent, c'est-à-dire un centre autonome de puissance, et donc de conception, de décision et de réalisation. Nous sortirons alors des empiétements et des conditionnalités des puissants. L'unité est une des conditions de possibilité essentielle de la libération. Celle-ci est la fin qui donne la possibilité de sauver ce qui mérite encore de l'être dans notre patrimoine culturel en l'enrichissant par de nouvelles créations, par des processus de reconfiguration de notre culture. Face à ce but, toutes les traditions culturelles – y compris les nôtres – deviennent des matériaux utilisables selon qu'ils servent ou non notre dessein fondamental. Toutes les traditions doivent être jugées en fonction de la « dialectique de nos besoins », selon le mot d'Aimé Césaire. Ensuite, la puissance africaine n'est possible qu'à travers la maîtrise de la technoscience. Ces deux aspects sont donc étroitement liés.

On aurait tellement souhaité que l'auteur consacre un exposé explicite aux nouvelles orientations de la philosophie africaine qui s'oppose aux philosophies de l'émancipation comme celle de Marcien Towa – qu'elles prennent la forme de l'afromondialisme qui fait l'éloge du « passant » comme on le voit dans la pensée d'Achille Mbembe ; soit la forme d'une philosophie de la traversée de Jean-Godefroy Bidima.

Lorsqu'on revisite notre conscience critique d'hier, son actualité saute en effet aux yeux au moment où une véritable conscience amnésique gagne la philosophie africaine, sous la forme d'un vagabondage dans la traversée de l'histoire et du temps – traversée préoccupée par l'origine, le fondement et la fin, notamment parce que cette nouvelle conscience fuit la dure loi d'airain de l'histoire dans l'absence de rapport au passé et de projection vers l'avenir. La fin (le *telos)*, c'est-à-dire la pensée par nous-mêmes du futur et de notre avenir est d'autant plus péjorée qu'elle est confiée à d'autres. Sans conscience et perspective historiques, penser par nous-mêmes notre avenir devient un fardeau ou une menace. Il en est ainsi parce que l'essentiel désormais doit être l'œuvre des forces et d'acteurs extérieurs, la pensée locale ne digérant pas les doctrines en fonction de la « dialectique de nos besoins ». L'essentiel est aussi dans le *court terme* du retour sur investissement, si bien pensé dans le néopragmatisme de Grégoire Biyogo. Aussi, faute d'une pensée des fondements et des fins s'installe-t-on tranquillement dans la téléonomie et dans le présent éternel. Aussi refuse-t-on de voir ce que le capital nous a fait et nous fait encore voir. On nous suggère de « faire avec » le capital parce que ni la raison qui aide à se rendre intelligible le monde ni la révolution ne sont plus à l'ordre du jour. On fait donc l'éloge du « voyou » qui vit au jour le jour, s'adapte au monde *comme il est* ; on fait le chantage à la race comme les décoloniaux, car la racialisation du capitalisme, sous la forme ambiguë du « devenir-nègre-monde », n'est conceptualisée que pour se faire une place dans les nouvelles sociétés d'accueil ou dans les interstices et les marges du marché universel. Cette perspective est étroite et étriquée pour l'ensemble humain qu'est l'Afrique. C'est trop peu pour nous, car nous ne voulons pas nous insérer dans le monde bâti par l'autre, en assumant ses inégalités, ses exclusions. Notre option est de nous déconnecter d'un tel monde pour nous constituer en un nouveau pôle de civilisation et de puissance autonome. Ce dessein rend dérisoire et insignifiant l'éloge fait par la pensée postcoloniale du grand escroc, du *feyman,* pour lequel il reste seulement à choisir le moment opportun (le *kairos*) pour faire des « coups », en tanguant au gré de l'occasion par la débrouille criminelle au niveau interne et international. Cela demande d'être réactif, toujours mobile et flexible – une échine souple pour accompagner *ce qui est*, en bon entrepreneur de soi-même. Car il s'agit de permettre l'accumulation du capital au moyen d'un système d'exclusion, de domination, d'exploitation et d'inégalité dans lequel on nous autorise à ronger l'os.

Comme l'a bien montré Thomas Hobbes dans le chapitre XXII du *Léviathan* intitulé « Des organes assujettis, politiques et privés » ("*Of Systemes Subject, Political and Private*"), il n'est pas surprenant que des penseurs inscrits dans ces formes de pensée soient tentés par le « syndrome de Hongkong », à savoir, s'inscrire dans une « bulle » ou une « sphère » post-historique, post-nationale, post-patriotique (« cosmopolite », dit-on), mais « à l'instigation d'une autorité étrangère » ("*by the authority of any foreign person*"), ici la recherche de la protection des maîtres d'hier. Aussi peuvent-ils solliciter, en Munichois sans vergogne gagnés par une conscience de subalternes, les puissances étrangères pour qu'elles interviennent militairement pour trancher les questions locales de dévolution du pouvoir, pour suspendre la « légitimité » et la « souveraineté » d'États en place par le recours aux outils et dispositifs juridiques internationaux. Ils se font ainsi les propagandistes attitrés et patentés d'une « communauté internationale » qui accule au choix trivial de l'avènement des droits de l'homme élevés au rang d'idéologie unique de nos sociétés. Ils font en sorte que les anciennes puissances coloniales accèdent au rang d'amies, afin de restaurer en leur faveur l'ordre néocolonial.

J'aurais enfin souhaité que l'insistance sur les luttes ethniques, en congruence avec les philosophies de la différence de notre époque, soit plus modérée à partir d'une analyse plus poussée des sociétés africaines, en s'appuyant notamment sur les travaux assez contrastés de penseurs comme Joseph Nsamé Mbongo, Elenga Mbuyinga, Guillaume-Henri Ngnépi, etc. Ces auteurs nous éloignent, par leurs analyses et propositions, d'une part, de la vision tribale ou ethnique spontanée en cours dans nos sociétés et, d'autre part, des visions intolérantes issues des *Cultural Studies.* Ces dernières orientations méthodologiques sont en effet porteuses de « fragmentation identitaire », ainsi que le donnent à voir les écrits illuminés de Patrice Nganang dans les réseaux sociaux, notamment la volonté de ce dernier de détruire l'État-nation, même au prix d'un pogrom ou d'un génocide.

Pour finir.

Le travail de S.-C. Mintoumè est le bienvenu. La réflexion sur les rapports entre « progrès scientifiques » et « émancipation des peuples » selon Marcien Towa doit être encouragée, poursuivie et prolongée. D'abord, pour s'opposer de façon argumentée au courant critique de la technoscience dans nos milieux philosophiques portés au technopessimisme, mais aussi au courant du capitalisme compassionnel qui veut « réparer » le « vivant » (au sens nietzschéen du terme), sans une proposition viable pour l'humanité. Il s'agit aussi d'interroger les débats de la conscience africaine pour penser une industrialisation verte, par exemple sa désirabilité et sa mise en œuvre conceptualisée par l'économiste cap-verdien Carlos Lopez. Cela nous éloignera de la vision romantique, primitiviste, mystique qui récuse la rationalité en elle-même, au nom de savoirs endogènes ou hétérodoxes, avec le refus de passer par le contrôle scientifique et les protocoles des laboratoires à travers lesquels on peut extraire les principes actifs des plantes, en vue de leur exploitation industrielle.

Charles Romain MBELE

Professeur au Département de Philosophie de l'École normale supérieure de l'Université de Yaoundé I

Avant-propos

Dans son essai consacré à l'éducation en 1989, Olivier Reboul écrit : « On ne peut faire la philosophie qu'en entrant dans son histoire, en découvrant que nos problèmes ont été déjà posés, qu'ils ont trouvé des solutions, plus ou moins valables certes, mais qui du moins donnent une structure à nos débats[1] ».

En fait, si l'histoire n'est pas fondamentale dans les sciences dures – lorsque vous vous inscrivez en faculté des sciences, on vous initie à la science actuelle – elle est indispensable en philosophie. Elle est pour le philosophe ce que les Écritures sont pour le théologien. De là, nous pouvons déduire au moins deux choses. Premièrement, nous devons nous impliquer, comme nous exhorte Towa, dans l'écriture de l'histoire de la pensée africaine parce qu'il n'y a pas de pensée sans histoire. Deuxièmement, nous sommes obligés de lire ceux qui nous ont précédés et nous ne pouvons initier une réflexion profonde, sur quelque question que ce soit, qu'après avoir fait ce que les théologiens scolastiques appelaient l'état de la question : quelle est-elle au juste ? Quelles opinions a-t-on déjà formulées à ce sujet ? Sur quelles raisons se fondent-elles et que devons-nous en penser nous-mêmes ?

C'est ce qui a motivé cette recherche. Elle est une œuvre de divulgation : nous aimerions que ceux qui aujourd'hui s'intéressent à la question de l'émergence des pays africains sachent que Marcien Towa, Ebénézer Njoh Mouelle et Fabien Eboussi Boulaga, pour ne citer que ceux-là, lui ont

---

[1] *La philosophie de l'éducation*, Que sais-je ? Paris, PUF, 1989, p. 19.

consacré de belles pages qui, malheureusement jusqu'à présent, semblent restées lettres mortes.

Nous aurions dû faire apparaître ces trois grands noms de la pensée camerounaise dans le titre de ce livre, mais nous avons choisi de le consacrer à Marcien Towa parce que sa pensée, plus que toutes les autres, tourne essentiellement autour de la question des conditions de possibilité de la libération de l'Afrique du joug de l'impérialisme occidental.

Notre attitude n'est pas celle d'un expert de la pensée de Marcien Towa. Nous espérons d'ailleurs que les critiques des uns et des autres contribueront à une élucidation plus approfondie de sa pensée. Ce qui ne signifie pas que nous considérons cette dernière comme une panacée à tous les problèmes actuels de l'Afrique. Nous estimons tout simplement qu'il ne serait pas normal de l'ignorer.

Introduction :

Marcien Towa, philosophe moderne

Dans son *Essai sur la problématique philosophique dans l'Afrique actuelle*, Marcien Towa affirme que « si nous ne devenons pas puissants comme l'Europe, jamais nous ne pourrions sérieusement secouer le joug de l'impérialisme européen[2] ». Il nous avertit également du fait que l'introduction du secret de la puissance occidentale – la science – dans nos cultures « n'est pas à concevoir comme une simple addition qui laisserait intacts les anciens éléments culturels, ni même comme une paisible greffe devant opérer sans heurts les transformations désirées : elle implique que la culture indigène soit révolutionnée de fond en comble, elle implique une rupture avec cette culture, avec notre passé, c'est-à-dire, avec nous-mêmes[3] ». Ces affirmations ont provoqué de vives réactions parmi ses pairs. Pius Ondoua, par exemple, ne voit aucune différence entre l'autorévolution à laquelle Towa nous invite et l'autonégation. Il y lit même plutôt « un assujettissent assumé et non point une libération[4] ». Lazare Poamé quant à lui, estime qu'en nous exhortant à nous européaniser fondamentalement, Towa est allé très loin, dans son effort en soi louable de lutte contre les idéologies de retour aux

---

[2] Marcien Towa, *Essai sur la problématique philosophique dans l'Afrique actuelle*, Yaoundé, CLE, 1971, p. 55.

[3] *Ibid.*, p. 40

[4] Pius Ondoua, « Par-delà la Transcendance. Une lecture critique d'*Identité et transcendance* de Marcien Towa », in *Un monde différent. Défi du présent, utopie créatrice de l'avenir*, Paris, L'Harmattan, 2018, PP. 208-209.

sources[5]. Mais, l'exhortation towarienne à soumettre nos cultures, sans complaisance, au tribunal de la raison et à rompre avec les éléments morts et caducs du passé pour ne laisser subsister que ceux qui peuvent nous permettre de relever les défis actuels n'en fait-il pas tout simplement un philosophe moderne ?

En fait, la modernité, comme le Moyen-Âge, ne renvoie pas seulement à un intervalle de temps précis, mais à une conception de l'homme, du monde et du rapport de l'homme avec le monde. Aussi, pour comprendre pourquoi le philosophe camerounais Marcien Towa, né en 1931 à Endama, petit village non loin d'Obala et mort en 2014 à Yaoundé, peut être qualifié de *moderne* au même titre qu'un René Descartes, né à La Haye en 1596 et mort en 1650, il faut partir du concept même de Moyen-Âge qui, en Europe comme en Afrique, renvoie à un contexte historique d'obscurantisme.

En Europe, l'expression Moyen-Âge a été inventée par les humanistes de la Renaissance. Originellement, elle renvoie à l'intervalle de temps qui va de la chute de l'Empire romain au Ve siècle, par l'œuvre des Vandales, aux premières lueurs de la Renaissance au XVe siècle. Mais il s'agit surtout d'une longue période historique pendant laquelle la raison humaine n'a pas pu s'exprimer librement parce que toutes les disciplines étaient subordonnées à la métaphysique, c'est-à-dire à la théologie rationnelle d'Aristote alors considérée par l'Église catholique comme le maximum qu'on pouvait espérer de la raison philosophante et le cadre à l'intérieur duquel la raison seule devait se mouvoir. Dominé aussi par l'influence de saint

[5] Lazare Marcellin Poame, « Les ipséités culturelles face à la dynamique universaliste du phénomène technique et de la démocratie », in *Diversité humaine. Démocratie, multiculturalisme et citoyenneté*, sous la direction de Lukas K. Sosoe, Laval, Harmattan, 2002, p. 338.

Augustin, notamment ses positions contre Pelage sur la grâce, le Moyen-Âge est surtout une période au cours de laquelle l'homme est une créature noircie et annihilée par le péché originel. Une créature à laquelle on avait finalement retiré aussi bien le pouvoir théorétique que celui pratique. En raison du péché originel, c'est-à-dire du fait qu'il naît blessé de concupiscence dans sa chair par le diable, il était admis que l'homme, à lui seul, ne peut faire que le mal et l'erreur : il ne peut ni se sauver tout seul, ni commencer seul l'œuvre de son salut, ni s'y préparer tout seul[6]. C'est donc Dieu qui avait l'initiative de tout bien, c'est lui qui donnait le vouloir et le faire, de sorte qu'en couronnant nos mérites, il ne faisait que couronner ses propres dons[7].

Il faudra attendre les Modernes pour voir l'homme sortir progressivement de cet état de minorité et reprendre en main son destin. En affirmant que l'homme est capable de découvrir la vérité par l'usage méthodique de sa raison, qu'il possède par essence la pure bonté qui se manifeste en lui à l'état d'innocence, qu'il est capable de se soustraire au calcul ratiocinant de l'impératif hypothétique pour vouloir ce qui est bien universellement, et qu'il est capable, en dépassant les contradictions de l'histoire, d'accéder à la liberté dans l'État, Descartes, Rousseau, Kant et Hegel sont donc les grands représentants de l'âme moderne, car, contrairement à la conception ultrapessimiste que Luther, Calvin et Jansénius se faisaient de la nature humaine, ils ont entrepris de réhabiliter l'homme.

Ainsi, si indépendamment du temps ou des périodes historiques le Moyen-Âge renvoie à un état de minorité, c'est-à-dire à une période où la raison n'est pas absolue parce qu'elle est soumise au dogme ou à l'autorité

---

[6] Jacques Maritain, *Humanisme intégral. Problèmes temporels et spirituels d'une nouvelle chrétienté*, Paris, Aubier, 1947, p. 19.
[7] *Ibid.*, p. 23.

religieuse qui enseigne la vérité et la morale, la modernité *occidentale*, quant à elle, se caractérise par la mise à l'écart de l'autorité religieuse comme instance qui enseigne la vérité et la morale, la foi au progrès par la connaissance ou la culture, l'acceptation du principe d'égalité comme base fondamentale du vivre ensemble, la fin de l'ancien régime ou régime des privilèges, la fin de l'autoritarisme, le primat de la volonté générale ou de la raison démocratique, etc.

Quant à l'Afrique, si son âge d'or, selon Nsame Mbongo[8], commence au 4e millénaire avant Jésus-Christ, lorsque la naissance des États monarchiques stables et rayonnants mit fin aux migrations tribales, il prend fin avec la décadence pharaonique consécutive aux invasions successives des Orientaux et des Occidentaux qui inaugurent le Moyen-Âge africain. Une longue période de régression civilisationnelle due à la volonté manifeste de la plupart des occupants de faire disparaitre la personnalité culturelle propre du monde pharaonique, celle-là même qui le plaça au firmament des peuples, c'est-à-dire au-dessus d'eux, dans le passé. Il s'agit donc de près de 12 siècles de pillage et d'anéantissement marqués par la profanation des temples, le transport en Perse des statues des dieux et la destruction de la bibliothèque d'Alexandrie, alors la plus grande du monde. Bref, c'est une période pendant laquelle l'Afrique noire assume sa souveraineté politique, mais dans des conditions de dépersonnification culturelle, car les rois sont islamisés ou christianisés. Ce qui ne la met pas en situation de pleine dignité, de totale confiance en soi et de liberté fondamentale[9]. Mais ce qui rapproche le plus le Moyen-Âge africain du Moyen-Âge européen où l'homme avait été annihilé par le péché originel et avait été vidé de sa substance, notamment de son libre arbitre, c'est

---

[8] Joseph Nsame Mbongo, *La Philosophie classique africaine. Contre histoire de la philosophie*, Tome 1, Paris, L'Harmattan, 2013, p. 158.
[9] *Ibid.*, pp. 158-159.

l'esclavage : une période pendant laquelle l'homme noir subit cette pire forme d'exploitation, d'oppression et d'aliénation qu'a été la traite négrière. Et c'est d'ailleurs l'intensification de cette traite pour satisfaire aux exigences d'un commerce triangulaire de plus en plus croissant qui va provoquer la réaction de la diaspora qui inaugure les temps modernes en Afrique.

La modernité africaine est donc l'époque de l'affirmation de la liberté négro-africaine, de l'émancipation de l'homme noir, de la lutte pour l'indépendance des nations et pour l'unification du continent africain. C'est donc la révolution haïtienne de Toussaint Louverture, fondatrice de la première république négro-africaine libre, qui inaugure les temps modernes en Afrique. « Elle anticipe la juste réponse qu'appelle le problème de la colonisation effective de l'Afrique continentale qui n'allait surgir vraiment qu'au XIXe siècle : l'indépendance. Voilà la portée de l'entreprise de Toussaint Louverture pour tous les peuples noirs[10] ». Et la lutte pour l'affirmation de la liberté et de la dignité de l'homme noir, inaugurée solennellement par le général haïtien, se poursuivant jusqu'à nos jours, les temps modernes, en philosophie africaine, sont inséparables de la période contemporaine. Voilà pourquoi on parle généralement ici de modernité contemporaine.

La philosophie africaine moderne et contemporaine est donc la contribution de la pensée rationnelle à la lutte pour l'émancipation du Noir et l'indépendance des nations africaines. C'est la libération qui constitue son thème dominant. La question qu'elle se pose est la suivante : que doit véritablement faire la pensée en Afrique aujourd'hui pour la réhabilitation, la reconstruction et l'émancipation de l'homme noir ? Et si le qualificatif de *philosophe moderne*

---

[10] *Ibid.*, p. 174

nous semble particulièrement applicable à Marcien Towa c'est parce que la réponse qu'il apporte à cette question de l'émancipation du Noir et de l'Afrique se rapproche le plus de la pensée de Bacon et de Descartes, pour ne citer que ceux-là, qui ont permis à l'Europe de sortir de son Moyen-Âge, et de laquelle, tirons le concept même de modernité. Tout comme le moderne Francis Bacon, pour libérer l'Europe du spectre des endémies et de la misère, proposait dans sa *nouvelle Atlantide* la création de la *Maison de Salomon,* sorte d'institut de recherches scientifiques et techniques ayant pour but la découverte des causes et la connaissance intime des forces primordiales des choses, Marcien Towa pense que l'avènement d'une Afrique autocentrée et libre, passe par l'acquisition du savoir scientifique, secret de la puissance de l'Occident et de sa domination sur nous. Et c'est à la philosophie que Towa confie la mission de baliser le chemin qui doit conduire à la réalisation de ce projet : elle doit nous aider à opérer le changement des mentalités qui conditionne l'édification de notre propre puissance. Autrement dit, la pensée de Towa, comme celle de Descartes qui, en faisant dépendre la véracité de toute opinion du *cogito*, a permis à l'Europe de sortir du dogmatisme scolastique, est un combat de la pensée libre contre toutes les formes d'obscurantisme. Cette option en faveur de la pensée libre qui l'oppose à l'ethnophilosophie est également un engagement pour l'autonomie, l'égalité et la démocratie. S'agit-il de l'*occidentalolâtrie* ou d'un autoanéantissement programmé comme affirme Pius Ondoua ? Est-ce de la *négrophobie* ou l'autoflagellation comme estime Lazare Poamé ? N'est-ce pas le chemin qu'ont dû parcourir la Chine et l'Inde pour passer de la périphérie au centre ? C'est à ces questions que nous voulons répondre dans l'exposé qui suit.

I. De la philosophie de Marcien Towa comme combat de la pensée libre contre toute forme d'obscurantisme

1. Des raisons d'une allégeance querellée à Hegel

Hegel a conçu la philosophie comme la pensée de la pensée, c'est-à-dire la pensée qui ne repose que sur elle-même, qui n'admet rien comme vrai qui n'ait été saisi comme tel par la raison. Et Marcien Towa estime que « comme un des plus grands génies de la philosophie, Hegel est éminemment qualifié pour définir la nature et les exigences de sa discipline[11] ». Cela signifie-t-il que Towa considère Hegel comme l'homme par qui la philosophie a reçu ses lettres de noblesse et sa définition *impartiale* et *objective* ?[12] Est-ce la revendication d'un purisme philosophique ou la souscription naïve à une idéologie universaliste ?[13]

En fait, Hegel est effectivement le penseur de l'impérialisme et le théoricien d'une universalité imposée par le plus fort puisqu'il estime qu'il existe à toute époque un peuple dominant qui dirige le monde en imposant ses volontés et sa culture aux autres. Et de ce point de vue, il apparaît contradictoire pour certains qu'un philosophe

---

[11] Marcien Towa, *Essai sur la problématique philosophique dans l'Afrique actuelle*, Yaoundé, CLE, 1971, p. 22.

[12] C'est le grief formulé à l'endroit de Towa par Basile-Juléat Fouda et Sindjoun Pokam dans *La philosophie camerounaise à l'ère du soupçon. Le cas Towa*, Yaoundé, Le Flambeau, 1980, p. 23.

[13] Ces accusations faites à Marcien Towa par Mainard Hebga dans son « Éloge de l'ethnophilosophie », in *Présence africaine*, N° 123, 1982, ont été reprises par Ludovic Lado dans son article intitulé « Ethnophilosophie africaine et philosophie : Marcien Towa a-t-il compris Meinrad Hebga ? », in *Philosophes du Cameroun*, Yaoundé, Presses universitaires de Yaoundé, 2006, pp. 365-384.

africain comme Towa qui, de surcroit, se veut révolutionnaire, lui fasse allégeance sur un point aussi important comme la définition de la philosophie.

Cette allégeance à Hegel pourrait bien aussi lui valoir l'étiquette malheureuse de philosophe spéculatif pur. Car définir la philosophie comme la pensée de la pensée revient à considérer le philosophe comme celui-là qui se contente de la conceptualisation sereine et ne s'engage pas politiquement ; c'est donc mettre la philosophie au-dessus des hommes et des classes et placer le philosophe sur un piédestal – l'Europe – qui constitue la position à partir de laquelle il peut saisir l'universel, c'est-à-dire ce qui est bon pour tous les hommes et dans toutes les conditions terrestres possibles[14]. Ce qui a été démenti par la critique marxiste de la connaissance et par les recherches phénoménologiques. Dans *L'idéologie allemande*, Karl Marx et Friedrich Engels soutiennent que « ce n'est pas la conscience qui détermine la vie, mais la vie qui détermine la conscience[15] ». Ce qui revient à dire selon eux que nos idées philosophiques et religieuses, nos valeurs morales, juridiques et politiques, ainsi que nos grands symboles esthétiques et culturels ne jouissent pas d'une autonomie véritable par rapport à la classe sociale à laquelle nous appartenons ou alors à la place que nous occupons dans la chaîne de production des biens de subsistance. Sans épouser totalement le déterminisme et le réductionnisme auxquels ce matérialisme historique peut conduire, il est évident que le philosophe, comme rappelle le phénoménologue Emmanuel Levinas à Descartes, n'est pas un pur esprit : « La pensée a un point de départ. Il ne s'agit pas seulement d'une conscience de localisation, mais

---

[14] Olabiyi Babalola Yai, « Théorie et pratique en philosophie africaine : misère de la philosophie spéculative », in *Présence africaine*, Paris, N° 108, 4e Trimestre 1978, pp. 82-85.
[15] Paris, Éditions sociales, 1968, p. 37.

d'une localisation de la conscience[16] ». Autrement dit, comme l'œil qui « luit toujours à partir d'une position »[17], la pensée a toujours un sol, elle émerge toujours d'un contexte historique précis que le philosophe veut prendre en charge et transformer ou améliorer.

Ainsi, du point de vue de la phénoménologie, comme du marxisme, il est clair que le philosophe n'est pas au-dessus des vicissitudes de l'existence historique. Et, comme tel, il ne saurait être neutre. Mais peut-on réellement reprocher à Towa de considérer le philosophe comme une personne neutre ? À cette question, nous ne saurions répondre par l'affirmative, car, à plusieurs occasions, Towa s'est lui-même dédouané de telles accusations. Dans son *Essai sur la problématique philosophique dans l'Afrique actuelle*, il affirme que « le philosophe n'est ni neutre ni désintéressé (…), il est un militant de l'Absolu[18] ». Mais d'un absolu qui n'est pas un mystère dont le philosophe détiendrait seul la révélation. Un Absolu qui fait appel à la pensée critique et s'impose par des arguments et non par la peur ou la confiance, pour ne pas dire par suivisme ou par conformisme. Le philosophe, selon Towa, serait donc un anticonformisme. Ce qui ressort clairement de ce passage d'*Identité et transcendance* : « La philosophie ne se fonde pas sur la confiance ni sur aucune autre base, mais sur la pensée. Une pensée qui n'est certes pas neutre, désintéressée comme celle du simple savant ; elle juge et évalue[19] ». Parce que le philosophe juge et évalue, il ne peut donc pas être neutre. Au contraire il est un homme engagé.

---

[16] Emmanuel Levinas, *De l'existence à l'existant*, Paris, Vrin, 2004, p. 117.

[17] « De soit le regard est relatif à une position », E., Levinas, *Humanisme de l'autre homme*, Montpellier, Fata Morgana, 1978, p. 25.

[18] M. Towa, *L'Idée*, p. 31.

[19] Marcien Towa, *Identité et transcendance*, Préface de Ndzomo-Molé, Paris, L'Harmattan, 2011, p. 105.

Un homme qui opère le tri entre le rationnel et l'irrationnel et, ce faisant, libère les hommes de toutes formes d'obscurantisme. D'où le rapport entre la philosophie et l'humanisme : « elle prend pour objet le monde et les droits de la nature humaine (…), elle tient à ce que le monde soit effectivement moral, honnête, libre[20] ».

En outre, considérer la pensée de Towa comme de la pure spéculation comme le fait Olabiyi Babalola Yai, et bien d'autres, c'est oublier son lien profond avec le marxisme et la tradition inaugurée par Kwame Nkrumah. Contrairement à Hegel qui, en affirmant que c'est la Raison ou Dieu qui gouverne le monde, soustrait l'histoire de la volonté des hommes, Marcien Towa estime, comme Karl Marx, que la libération passe par la lutte. Pour Marcien Towa, « vouloir modifier quelque chose dans la situation objective de crise, c'est avant tout affronter l'Autre (…), il ne suffit donc pas de souhaiter ou même de vouloir être soi, il faut pouvoir l'être, autrement dit, il faut affronter l'autre qui nie notre identité, notre être soi[21] ». Pensée et action sont donc liées pour Marcien Towa. Pensée sur la nature et action sur la nature, pensée sur le social et action sur le social sont inséparables. Aussi affirme-t-il que « surestimer la pensée en la posant comme une fin en soi, comme le terme ultime du développement de la nature et de l'histoire, c'est méconnaître la portée réelle et l'aspect le plus spectaculaire de la culture, savoir les transformations considérables du milieu physique et des modes de vie[22] ». Le but de la culture ou de la pensée, selon Marcien Towa, est donc de transformer le monde, de le rendre plus humain, c'est-à-dire plus juste et plus libre. En fin, Towa ne pense pas comme Hegel que l'État est Tout et que « le citoyen, la

---

[20] Towa, *Essai*, p. 66.
[21] Towa, *Identité et transcendance*, p. 126.
[22] *Ibid.*, p. 225.

nation, le peuple, dans son rapport à l'État n'est rien »[23], comme laisse croire Sindjoun Pokam contrairement à l'élitisme hégélien, il dénonce plutôt le divorce qui s'observe en Afrique Noire entre la bourgeoisie bureaucratique au pouvoir et les masses paysannes et ouvrières et affirme qu'« aucune transformation historique ascensionnelle ne peut aboutir sans la mise en branle du peuple[24] ».

Certes, se référer à Hegel peut être considéré comme une erreur au regard des positions de fond que défend ce dernier : la vision unilinéaire de l'Histoire, le caractère absolu de l'État, le mépris du peuple, la négation de la liberté individuelle, etc. Mais les différents passages ci-dessus cités démontrent à suffisance que Marcien Towa n'a pas « foi dans la philosophie de Hegel[25] » comme a écrit Sindjoum-Pokam. Il n'a pas non plus voulu placer la philosophie africaine sous l'autorité magistériale de Hegel dont la pensée serait une espèce de philosophie étalon. S'il lui fait allégeance dans la définition de la philosophie, cela semble se justifier pour deux raisons intrinsèquement liées. La première s'apparente à de l'ironie socratique. Dans son *Idée d'une philosophie négro-africaine*, Marcien Towa nous rappelle que « la question de l'existence d'une philosophie africaine n'a pas surgi du développement spontané et autonome de la société africaine. Nous ne nous sommes pas interrogés entre nous pour savoir si nous pensions philosophiquement ou non, si nous avions une philosophie ou non. Nous essayons seulement d'apporter une réponse à un problème formulé, non par nous, mais par les idéologues de l'impérialisme européen. Ce sont les

---

[23] « Marcien Towa : l'opportunisme philosophique », Basile-Juléat Fouda et Sindjoun Pokam, *La philosophie camerounaise à l'ère du soupçon. Le cas Towa*, p. 24.

[24] Marcien Towa, *Essai*, p. 49.

[25] *Ibid.*, p. 10.

philosophes européens qui ont formulé le syllogisme du racisme, fondement idéologique de l'impérialisme européen[26] ». Le problème de la délimitation du domaine de la philosophie, comme l'avait déjà souligné Towa dans son *Essai*, est donc plus idéologique qu'académique. Ce qui y est en jeu, c'est la hiérarchisation des civilisations et des sociétés. « La philosophie étant aux yeux du philosophe européen la manifestation la plus éclatante et la plus haute de la raison humaine, la refuser au Nègre c'est affirmer qu'il n'est pas vraiment un homme et peut être, à bon droit, asservi, traité comme un animal »[27]. C'est donc parce que Hegel fait partie de ces idéologues de l'impérialisme européen que Marcien Towa préfère partir de la définition qu'il a lui-même donnée à la philosophie[28]. Autrement dit, face au préjugé raciste formulé par Hegel pour légitimer l'esclavage et la colonisation, Towa estime que déterrer une philosophie africaine originale et différente, considérée comme un héritage à recevoir, à défendre et à incarner pour atteindre l'existence authentique, et la présenter au monde comme notre certificat d'humanité, c'est vouloir élargir le sens du mot philosophie, l'étendre à la culture, pour pouvoir aussi y intégrer les modes de pensée africaine. Or, « on ne procéderait pas autrement, écrit Towa, si on voulait démontrer l'inexistence d'une philosophie négro-africaine[29] ». Contrairement donc au mouvement de la Négritude et à la philosophie qui s'inscrit dans son sillage, Marcien Towa pense qu'il existe bel et bien une différence entre la philosophie et le mythe. Autrement dit, si dans l'esprit mythique « tout problème pratique ou théorique

[26] Marcien Towa, *Idée*, p. 17.
[27] *Ibid.*, p. 18.
[28] « Cette idéologie, écrit Towa, se présente chez Hegel sous sa forme la plus profonde, la plus spéculative. Et c'est elle, en somme, qui est monnayée par des penseurs de moindre envergure jusqu'aux petits détaillants des idées », *Essai*, p. 22.
[29] *Essai*, p. 29.

portant sur l'absolu est résolu par référence à ce que veut ou pense un autre, une personnalité extraordinaire, réelle ou imaginaire, encore vivante ou ayant vécu *in illo tempore* [30]», la philosophie, quant à elle, « est avant tout refus du principe d'autorité dans quelque domaine que ce soit et exigence de rationalité[31] » ; si la soumission aveugle à quelque grande personnalité constitue la caractéristique fondamentale de la mentalité mythique, la philosophie « refuse le vagabondage en pays imaginaires et, aux croyances du dévot, elle oppose le doute, l'incrédulité[32] ». Aussi, conclut Towa, « quelles que soient leurs divergences, toutes les philosophies pour mériter le nom de philosophie, doivent résulter d'un débat sur l'absolu, sur la réalité, les valeurs et les normes suprêmes[33] ».

Ainsi, tout en s'attelant à déconstruire le syllogisme raciste élaboré par Hegel pour légitimer l'esclavage et la colonisation, Towa prend ses distances par rapport à tous ceux qui veulent montrer que les Africains ont une philosophie ou des philosophies propres, mais en essayant de dilater la notion de philosophie pour lui donner la même extension que celui de culture. Car, comme écrit très opportunément Njoh Mouelle, « l'Afrique n'est pas seule à présenter au monde des contes, proverbes, mythologies, épopées, etc. La différence est que dans les pays de l'Occident considéré globalement, à côté de tout ce savoir et de cette tradition, il y a eu la philosophie en tant que discipline intellectuelle particulière, en tant que formation culturelle comportant une méthode propre[34] ». En d'autres termes, si l'ethnologie a établi que tout peuple a une culture,

---

[30] ID., *Idée*, p. 10.
[31] *Ibdi.*, p. 11.
[32] *Ibid.*, p. 12.
[33] *Ibid.*, p. 13.
[34] Ebénézer Njoh-Mouelle, *Considérations actuelles sur l'Afrique*, Yaoundé, CLE, 2000, p. 25.

il n'en est pas de même de la philosophie, car il y a des cultures, comme celle des Hébreux, telle qu'elle s'exprime dans la Bible, qui considèrent la philosophie comme le mal absolu, le péché des péchés, le péché originel[35]. La philosophie pour Marcien Towa, comme pour Ebénézer Njoh-Mouelle, ne se confond donc pas avec la culture. Elle ne commence d'ailleurs qu'avec la décision de soumettre l'héritage culturel à une critique sans complaisance. Elle est donc la pensée de la pensée, c'est-à-dire la pensée reposant sur elle-même, ne souffrant d'aucune autre autorité ni à côté d'elle ni au-dessus d'elle. Car c'est elle « qui doit apprécier et juger les représentations religieuses et mythologiques et non l'inverse[36] ». Et ce n'est que de cette façon qu'elle peut contribuer efficacement à la lutte pour la libération de l'Afrique qui, selon lui, doit commencer par la libération mentale[37].

En fait, d'après le philosophe, la libération de l'Afrique du joug de l'impérialisme occidental passe par l'identification et l'assimilation du secret de la puissance de l'Occident et de sa domination sur nous. Et ce secret ne réside pas dans le christianisme[38], mais dans ce que l'Europe elle-même affirme être sa marque distinctive : la

---

[35] D'après le texte de la genèse, écrit Towa, « le péché des péchés, le péché originel de l'homme fut d'avoir mangé des fruits de l'arbre du discernement du bien et du mal, c'est-à-dire d'avoir osé penser lui-même les valeurs et les normes suprêmes de son comportement au lieu de se contenter d'exécuter les ordres d'un autre. Le péché originel, du point de vue biblique, c'est en somme, la pensée de l'absolu, c'est-à-dire la philosophie », *Idée*, p. 19.

[36] *Ibid.*, pp. 63-64. Comme les philosophes des Lumières, Towa fait de la raison le juge suprême.

[37] « Le processus de libération commence par la libération mentale », M. Towa, *Histoire de la pensée africaine*, Yaoundé, CLE, 2015, p. 52.

[38] Le christianisme écrit Towa, n'est pas essentiellement européen, mais asiatique. En outre, poursuit-il, des peuples chrétiens ont été domptés et sont toujours domptés par l'impérialisme européen, *Essai*, p. 56.

philosophie et la science. La philosophie européenne moderne, parce qu'elle se préoccupe essentiellement de développer l'emprise de l'homme sur le milieu physique et humain par la médiation d'un savoir rigoureux, scientifique et libre, constitue le domaine privilégié de la culture européenne qu'il importe d'explorer avec soin afin de découvrir la voie de notre libération[39]. En d'autres termes, tout comme l'Europe, pour sortir de son Moyen-Âge, a dû s'émanciper des croyances établies par l'œuvre des penseurs comme Bacon et Descartes, Towa pense que la philosophie en Afrique, doit aider « à opérer le changement de mentalité qui conditionne l'édification de notre propre puissance[40] ». Plus précisément, elle doit libérer les esprits de l'âme nègre essentiellement émotionnelle et religieuse dans laquelle l'ethnophilosophie veut les renfermer par rétrojection. Et, pour cela, elle ne doit être subordonnée ni à la tradition ni à quelque autre autorité : elle doit être la pensée de la pensée.

2. Mythe, religion, philosophie : la critique towarienne de l'ethnophilosophie

La question de l'existence d'une philosophie africaine, comme nous venons de le voir, n'a pas surgi du développement spontané et autonome de la société africaine. Elle nous a été imposée de l'extérieur par les idéologues de l'impérialisme européen. Dans la mesure où la philosophie était considérée comme l'attribut essentiel et indispensable d'une humanité véritable, démontrer que les Africains ont une philosophie revenait à ruiner un argument important de l'idéologie impérialiste. C'est donc dans le sillage de la Négritude – mouvement de revalorisation des cultures africaines et de l'exaltation de l'originalité et de la

[39] *Ibid.*, p. 67.
[40] *Ibid.*, p. 68.

différence – que s'inscrit cette question. Mais, comme l'a si bien remarqué Ernest-Marie Mbonda, il serait paradoxal de vouloir prouver l'identité entre l'Afrique et l'Occident (du point de vue de la capacité à philosopher) avec les arguments de la différence (du point de vue de la définition, du contenu et de la méthode de la philosophie). Mieux, vouloir ébranler le syllogisme raciste qui a légitimé l'esclavage et la colonisation en essayant de modifier le sens du mot philosophie pour l'étendre à celui de culture afin d'y introduire la philosophie africaine, ce n'est nullement réfuter le syllogisme raciste, mais bien plutôt le confirmer. Car, que ce soit en Afrique ou en Europe, le premier critère de la philosophie est celui de la capacité d'analyse critique des données d'une culture, quelle qu'elle soit. Elle commence avec la décision de soumettre l'héritage philosophique et culturel à une critique sans complaisance[41]. Elle consiste à trier, à peser, à examiner le pour et le contre des représentations, des croyances et des opinions, pour ne retenir comme vraies que celles qui résistent à cette épreuve de critique et de tri[42]. C'est la raison pour laquelle Marcien Towa qualifie d'ethnophilosophique la méthode qui part des faits culturels – institutions, mœurs, croyances, légendes, contes et mythes – pour déterrer une philosophie africaine originale et différente, et la présenter à ceux qui pensent que la philosophie est la manifestation la plus haute de la raison humaine comme notre certificat d'humanité.

Le fait que Towa utilise le vocable *ethnophilosophie* sans indiquer ses sources n'est pas passé inaperçu aux yeux de Basile-Juléat Fouda qui l'a traité de tous les noms d'oiseaux : *détourneur de fonds intellectuels*, *éternel*

[41] Marcien Towa, *Essai*, p. 30.
[42] Marcien Towa, *L'Idée*, p. 7.

second, épigone permanent, etc.[43] Mais, au-delà de cette controverse sur l'auteur du mot *ethnophilosophie*[44], les questions qu'une restitution de la pensée de Marcien Towa ne saurait éviter sont les suivantes : Le péché commun des ethnophilosophes est-il tout simplement le fait d'avoir affirmé que les contes et les mythes négro-africains constituent le lieu d'une pensée philosophique rigoureuse ? Marcien Towa exclut-il la littérature orale de la tradition philosophique ?

Au sujet de l'oralité, dans son *Essai sur la problématique philosophie dans l'Afrique actuelle*, après avoir liquidé les arguments de John Burnet[45] en faveur d'un

---

[43] « Les redevances philosophiques de Marcien Towa », in Basile-Juléat Fouda et Sindjoun Pokam, *La philosophie camerounaise à l'ère du soupçon. Le cas Towa*, p. 44.

[44] Selon Basile-Juléat Fouda, « ce n'est pas M. Towa, mais Doutreloux qui a donné naissance au terme ethnophilosophie dès 1960. Ensuite, avant M. Towa le philosophe béninois Paulin Hountondji reprend, en 1969, dans un article rédigé pour l'UNESCO, le terme ethnophilosophie », *Ibid.*, p. 44. Mais cette version semble contredite par Samba Diakité qui affirme que « ce concept a d'abord été utilisé bien avant Towa et Hountondji par Kwame N'Krumah qui s'était inscrit à une thèse de Doctorat qu'il ne terminera jamais à l'Université Abraham Lincoln, aux États-Unis d'Amérique. Cette thèse de doctorat avait pour sujet : *Esprit et pensée dans une société sans écriture, étude ethnophilosophique avec un examen particulier du cas du peuple akan de la Côte de l'Or* », in Samba Diakité, « La problématique de l'ethnophilosophie dans la pensée de Marcien Towa », *Le Portique*, 5-2007/Recherches, mis en ligne le 7 décembre 2007. URL : http://journals.openedition.org/leportique/1381, p. 2.

[45] John Burnet est auteur de *L'Aurore de la philosophie grecque*, Paris, Payot, 1952. Contre les nombreux témoignages qui attestent que toutes les choses pour lesquelles Pythagore, Démocrite, Platon et bien d'autres étaient admirés parmi les Grecs leur venaient d'Égypte, cet historien de la philosophie européenne argue que la langue égyptienne était totalement ignorée des Grecs et que cette ignorance a dû constituer un obstacle à la transmission d'une éventuelle philosophie égyptienne. Un argument qui parait très simpliste aux yeux de Towa qui estime que « s'il est vrai que Pythagore passa 20 ans en Égypte, Platon 13,

prétendu miracle grec et reconnu à la suite des travaux Cheikh Anta Diop que l'Égypte ancienne, dont la population fut noire, « était comme le berceau de toute science et de toute sagesse », Marcien Towa écrit : « Il n'est pas certain que la littérature orale soit entièrement dominée par la mentalité magico-religieuse. Towo-Atangana a publié en 1966 un conte philosophique Béti : « Nden-Bobo », l'araignée toilière. Dans ce conte, qui est chanté par les joueurs de « mvet », Nden-Bobo réfute l'idée de Providence, d'un Dieu créateur, tout-puissant et bon. Au cours d'un procès contre Dieu, Nden-Bobo passant en revue les maux dont souffre la race humaine conclut : « Dieu, tu n'es pas bon ! Comment se fait-il que tu crées les hommes et c'est encore toi-même qui les tues ?[46] » La portée philosophique d'un tel débat, conclut Towa, « n'échappe à personne et il est peu vraisemblable qu'il soit unique dans la production traditionnelle[47] ». Ce passage suffisamment clair de l'*Essai* nous autorise de penser que Sindjoun-Pokam n'a pas raison d'affirmer qu'il y aurait entre l'*Essai* et l'*Idée* un passage d'un terrain à un autre, de Hegel à Cheikh Anta Diop, c'est-à-dire de l'exclusion de la littérature orale de la réflexion philosophique à sa reconnaissance[48]. Ce n'est donc pas parce que Tempels et Kagame plaident pour l'inclusion des traditions orales dans la pensée philosophique que Marcien Towa les a qualifiés d'ethnophilosophes comme semblent insinuer Basile-Juléat Fouda, Sindjoun Pokam[49] et Ernest-Marie Mbonda[50]. Mais

---

Démocrite 5, etc. il est à peu près certain qu'ils ont dû maîtriser l'égyptien pendant leur séjour », *Essai*, p. 72.

[46] *Ibid.*, pp. 73-74.

[47] *Ibid.*, p. 74.

[48] Basile-Juléat Fouda et Sindjoun Pokam, *La philosophie camerounaise à l'ère du soupçon. Le cas Towa*, p. 23.

[49] *Ibid.*, p. 26

[50] Ernest-Marie Mbonda, « Traditions orales et transmission de la pensée philosophique : à partir de Marcien Towa et Henry Odera

c'est bien plutôt pour des raisons méthodologiques et idéologiques évidentes.

Aux yeux de Marcien Towa, comme de beaucoup d'autres penseurs africains, *La Philosophie bantoue* de Tempels et *La Philosophie bantoue rwandaise de l'être* de Kagame suscitent des réserves sur les plans méthodologique et idéologique.

Sur le plan méthodologique, Towa attire d'abord notre attention sur le fait que les *philosophies africaines* de Tempels et Kagame n'ont pas de fondements contrôlables[51]. Il reproche à Tempels de construire son ontologie bantoue à partir des anecdotes des missionnaires : « l'autre jour, un vieillard, un sage africain me disait que…[52] ». Ce qui, une fois de plus, ne signifie pas qu'il exclut l'oralité. Ce n'est pas l'oralité qui est mise en cause ici, mais bien plutôt l'authenticité des textes à partir desquels on prétend extraire la philosophie des Africains. Contrairement à Hountondji qui récuse l'oralité, Towa insiste plutôt sur l'obligation de partir des textes classiques, c'est-à-dire des textes, écrits ou oraux, qui se sont imposés dans une communauté culturelle donnée, pour éviter ce qu'il appelle la rétrojection, c'est-à-dire l'introduction subreptice de ses propres convictions dans des textes où on prétend découvrir le passé de la pensée des Africains. Quant à l'abbé Kagame, sa méthode dite linguistique ou sémantique trouve plus de crédit aux yeux de Towa que celle de Tempels. Il s'appuie sur la langue qui est une base plus sérieuse que les racontars des vieux de Tempels. Mais,

---

Oruka », in *Justice cognitive, libre accès et savoirs locaux. Pour une science ouverte, juste, au service du développement local durable*, sous la direction de Florence Piron, Samuel Regulus et Marie Sophie Dibounje Madiba, Québec, éditions science et bien commun. En ligne à https://scienceetbiencommun.pressbooks.pub/justicecognitive1, p. 1.

[51]M. Towa, *Histoire de la pensée africaine*, Yaoundé, CLE, 2015, p. 24.

[52] *Ibid.*, p. 82.

selon Towa, on ne peut tirer aucun système philosophique de la structure linguistique d'une langue, car la langue est un contenant qui peut recevoir toutes sortes de philosophie. La langue française par exemple, écrit Towa, « peut exprimer toutes sortes de conceptions du monde. Elle peut exprimer celle des sorciers français, il y en a des centaines de milliers. Elle peut exprimer les conceptions du monde des théologiens français ; il y en a pas mal ; elle peut exprimer les conceptions des philosophes métaphysiciens, réalistes, bref toutes sortes de philosophies. Elle peut exprimer les conceptions du monde de la philosophie chinoise, hindoue. Et effectivement, ces philosophies sont exprimées dans la langue française[53] ».

Toujours sur le plan méthodologique, les *philosophies africaines* de Tempels et de Kagame, en plus de manquer de fondements contrôlables, sont dogmatiques et unanimistes. Ils partent de certains éléments culturels comme les croyances, les légendes, les mythes, les proverbes, pour extraire une philosophie africaine collective, immuable et implicite, considérée comme un héritage sacré que tous les Africains doivent adopter pour atteindre à l'existence authentique. « Et si un Africain rejette cette conception-là, il n'est plus Africain, il est anti-Africain et, comme tel, condamné[54] ». Ces auteurs supposent donc que les Africains pensent toujours et partout de la même façon. À l'heure où se creuse le fossé entre oppresseurs et opprimés partout dans le continent, à l'heure où se radicalisent les divergences politiques, Tempels et ses épigones prétendent que les Africains ont été et seront toujours unanimes, constate tristement Samba Diakité[55]. Un triste constat qui traduit très bien le point de vue le Marcien

---

[53] *Ibid.*, p. 25.

[54] *Ibid.*, p. 27.

[55] Samba Diakité, « La problématique de l'ethnophilosophie dans la pensée de Marcien Towa », *op.cit.*, p. 5.

Towa qui, dans son *Histoire de la pensée africaine*, écrit : « on rencontre aujourd'hui, en Afrique, des capitalistes, des féodaux et des communistes. Certains sont adeptes de croyances traditionnelles, d'autres sont chrétiens, musulmans, rosicruciens, francs-maçons, etc. Il n'y a aucune raison de croire que l'unanimité qui ne se rencontre pas actuellement régnait il y a un ou deux siècles[56] ». Partant donc du pluralisme qui s'observe aujourd'hui, dans tous les domaines, il serait simpliste, selon Towa et Samba Diakité, de penser que les Africains d'hier, comme des moutons, marchaient toujours tous dans la même direction.

C'est à cause de ce dogmatisme et de cet unanimisme, selon Towa, que Tempels et ses épigones entretiennent une confusion entre l'ethnologie et la philosophie. Car, l'ethnologue décrit, expose, explique, mais ne s'engage pas. Le philosophe, quant à lui, n'adhère aux opinions qu'après les avoir soumises aux objections rationnelles. Or, Tempels et Kagame brandissent leurs exposés sur les mythes, les rituels et les croyances comme de la métaphysique et aussitôt, c'est-à-dire sans évaluation critique, ils considèrent que c'est la philosophie que les Africains doivent adopter. Ils réduisent donc la philosophie à un catalogue de mœurs et coutumes, alors que ce qui, de tout temps, la caractérise c'est son caractère réflexif et critique.

Cette confusion entretenue entre l'ethnologie et la philosophie est aussi un des griefs que Towa fait à la Négritude de Senghor. Contre la présupposition fondamentale de l'assimilationnisme selon laquelle l'Afrique est un néant culturel qui ne peut rien apporter à l'humanité – le colonisateur imposera en même temps que ses marchandises, sa littérature et ses mœurs – Senghor,

[56] M. Towa, *Histoire de la pensée africaine*, p. 35.

dans un texte intitulé « Ce que l'Afrique apporte[57] », entreprit la description des richesses culturelles africaines en s'efforçant d'en dégager l'esprit, la caractéristique générale sous le nom d'*âme noire*. Et, sans critique, sans évaluation, cette *âme* fut aussitôt promue valeur suprême de tous les Noirs. Ce qui a amené Towa à écrire que « le senghorisme n'est pas de l'ethnologie puisqu'il transforme les faits allégués en valeurs, il n'est pas davantage de la philosophie parce que ses valeurs reposent sur la pure facticité et l'arbitraire subjectif et, pour cette raison, demeurent opaques à toute pensée. Participant à la fois de l'ethnologie par la facticité de sa base et de la philosophie par son souci des valeurs, sans pour autant être ni l'une ni l'autre, le senghorisme est radicalement ambigu : il est ethnophilosophique[58] ».

Mais, selon Towa, le dogmatisme et l'unanimisme des *philosophies africaines* de Tempels et Kagame ne sont pas de simples erreurs de méthode. Ils couvent des intérêts idéologiques et ne se justifient d'ailleurs mieux que par ces derniers. Dans son *Essai*, il nous rappelle que si l'anthropologie culturelle a déjà établi que toute société a une culture, il n'en est pas de même de la philosophie. Donner à la philosophie la même extension que la culture revient à l'universaliser alors qu'il y a des cultures, comme celles des Hébreux dans la Bible qui considèrent la philosophie comme un sacrilège. Autrement dit, si tout homme est en soi, c'est-à-dire par essence, raisonnable et libre, il ne devient philosophe que lorsqu'il parvient à la conscience de ce qu'il est en soi. Il devient alors pour soi ce qu'il est en soi. Le moment de la philosophie, qui est postérieur à celui du mythe et de la religion, coïncide donc

---

[57] Originellement publié dans *L'homme de couleur*, Paris, Plon, 1939, ce texte est reproduit dans L. S. Senghor, *Liberté I*, Paris, Éditions du Seuil, 1964, PP. 11-21.

[58] *Identité et transcendance*, p. 101.

avec la prise de conscience de soi comme être pensant. Car, « quand la conscience en est arrivée à connaitre son soi intime comme pensant, il se produit que la raison sciemment veut donner son assentiment à tout ce qu'elle doit reconnaître comme vrai, sans vouloir y renoncer, en s'opposant à toute autorité quelle qu'elle soit[59] ». En d'autres termes, si dans le mythe et la religion l'homme renonce à penser, à réfléchir d'une manière personnelle et se soumet aveuglément aux héros des évènements primordiaux ayant donné naissance à l'ordre social établi[60], la philosophie quant à elle repose sur un principe qui lui est commun avec les sciences et qui consiste à voir, sentir, penser par soi-même, être sujet[61].

En fait, le premier âge de l'existence, celui de l'instinct, nous rappelle Towa, correspond au monde animal régi par les pulsions biologiques faites d'automatismes. La rupture d'avec ce monde animal commence lorsque la relation entre l'être de besoin et l'objet désiré se fait par l'intermédiaire d'une réponse pensée. Ainsi émerge le langage « par la vertu duquel les choses sont réduites à une existence figurative, et deviennent par-là toujours disponibles et plus maniable[62] ». La parole est donc la première forme de rupture entre l'homme et l'animal, la première expression de la pensée ou de l'esprit, c'est-à-dire de notre capacité à

---

[59] Hegel, *Leçons sur l'Histoire de la philosophie*, cité par Towa, *Essai*, p. 61.

[60] Dans le mythe les valeurs suprêmes et les normes de comportement ne sont pas le résultat d'une réflexion personnelle, mais ils tirent leur autorité absolue d'une conception du monde admise par la société ou d'un récit des évènements primordiaux, cosmiques et épiques, ayant donné naissance à l'ordre social établi et le fondant, Marcien Towa, *L'Idée*, p. 8.

[61] Marcien Towa, à la suite de Hegel, conçoit d'ailleurs l'histoire de la philosophie comme l'étude de l'évolution de la pensée libre dans son opposition à l'autorité de la religion, *Essai*, p. 63.

[62] M. Towa, *Essai*, p. 11.

prendre du recul par rapport au monde. Comme écrit Eboussi Boulaga, « c'est parce qu'il a la parole qu'il est homme[63] ». Par cette parole l'homme organise le monde, donne sens aux choses. Sa première forme est le mythe. « Avec le mythe, l'homme crée la première culture, humanise le monde, c'est-à-dire l'organise en une totalité directement ou indirectement anthropocentrique[64] ». Le rôle du mythe est donc d'ordonner le monde, de rattacher chaque homme à l'origine des choses et de l'humanité, et de prescrire ce qui est permis et ce qui est interdit. Mais puisqu'il ne peut y avoir plusieurs origines, plusieurs commencements absolus, le mythe va très vite se trouver en crise. La pluralité de mythes va amener les hommes à chercher la solution du côté de la foi. C'est alors que survient la Parole révélée qui se veut l'expression absolue de la parole parce que c'est l'Absolu lui-même qui s'y exprime. Elle révèle comment l'univers est enfanté et structuré, révèle la vraie généalogie des hommes, fonde la communauté des hommes au-delà des ancêtres et prend en charge les détails de la vie de façon plus précise. En d'autres termes, par son accomplissement on devient l'homme véritable, membre de la vraie communauté des hommes, mis à l'écart ou hors de l'impureté de l'homme de la parole primitive, grossière et tombée. Et l'ajustement entre l'ordre de la Parole et les tâtonnements obscurs des hommes va s'accomplir par l'Écriture, la suprême autorité qui dit ce qui est permis et ce qui est interdit. Bref, par la grâce de l'Écrit, l'univers mal maîtrisé de l'au-delà sera désormais mieux fixé, connu et donc contrôlé et, par conséquent, mieux manipulé par ceux qui auront pouvoir d'en user à leur

[63] Fabien Eboussi Boulaga, *La crise du Muntu. Authenticité africaine et philosophie*, Paris, Présence africaine, 1977, p. 188.
[64] Marcien Towa, *Essai*, p. 11.

avantage[65]. Mais très vite, l'excès de pouvoir et les abus commis par « les hommes de Dieu » vont faire que la Parole se transforme en objet d'étude. Dans un premier temps, les disciplines annexes – la rhétorique, la grammaire, la logique – seront alors étudiées pour venir au secours de la cohérence du Livre. Mais, lorsqu'il va se révéler plein de contradiction, comme témoigne le récit de Job, les hommes vont progressivement commencer à préférer la réflexion personnelle – la pensée – au détriment de l'Écriture. Ainsi naît la philosophie en tant que discipline qui veut apprécier et juger les représentations religieuses et mythologiques, c'est-à-dire les soumettre au tribunal de la raison pour ne retenir comme vrai que ce qui est saisi comme tel par la pensée. Voilà pourquoi Towa « conçoit l'histoire de la philosophie comme l'étude de l'évolution de la pensée libre dans son opposition à l'autorité de la religion[66] ». Hegel la comparera d'ailleurs à l'oiseau de minerve qui ne prend son envol qu'au soir.

Comme Hegel, Towa situe donc la philosophie au-dessus du mythe et de la religion[67]. Si l'esprit est avant tout

[65] Toute cette analyse qui subordonne les mythes à la Parole est une paraphrase de Fabien Eboussi Boulaga, *La crise du Muntu*, pp. 187-190.

[66] *Essai*, p. 63.

[67] Dans son *Histoire de la pensée africaine* (2015), Marcien Towa est revenu sur cette question du rapport entre le mythe et la philosophie. Il distingue quatre types de mythes : le mythe allégorique qui a pour but d'exposer sous forme imagée des conceptions philosophiques préalablement élaborées ; le scientifique dont la fonction est de présenter sous une forme vraisemblable et cohérente l'ensemble des connaissances plus ou moins hypothétiques d'une époque ; les mythes édifiants ou éthiques et politiques qui vont jusqu'à préconiser le mensonge pour servir la cause du bien, et les mythes de divination ou anagogiques qui se rencontrent dans les sociétés hiérarchisées et veulent poser un être transcendant en correspondance avec un pouvoir politique plus ou moins absolutiste. Il a conclu cette discussion en ces termes : « Pour ma part, les mythes allégoriques et scientifiques sont

pouvoir de représentation, de signification, de pensée et de choix, la philosophie, en est la manifestation plénière, car elle est l'examen critique des représentations. À ce sujet, il écrit : « La formation des représentations est certes une activité de l'esprit, mais l'examen critique des représentations pour vérifier leur objectivité relève d'une forme d'esprit bien supérieur à la croyance spontanée et naïve, à l'adhésion sans examen à des représentations incompréhensibles. Ceux qui s'élèvent jusqu'à la pensée des représentations et des croyances sont par conséquent plus fondés à revendiquer l'esprit que ceux qui s'enferment dans la simple représentation en s'interdisant toute remise en question de croyances incompréhensibles, c'est-à-dire, en bon français, absurdes[68] ».

Le passage de la mentalité mythique – soumission aveugle à quelques grandes personnalités, divinités ou ancêtres, considérées comme infaillibles – à la philosophie – refus du principe d'autorité dans quelque domaine que ce soit et exigence de rationalité – est donc aussi le passage d'un stade de l'humanité à un autre. Ainsi, affirmer comme le fait Basile-Juléat Fouda que les Africains ont une philosophie qui est comme un héritage à recevoir, à défendre et à transmettre à travers les âges parce que « les générations successives accordent les pleins pouvoirs aux ancêtres et leur font entière confiance sur tous les plans[69] », c'est insinuer que pour l'Africain tout est donné, transmis, soit par les ancêtres, soit par les forces supérieures, comme

---

légitimes, abstraction faite de leurs contenus, parce que la diffusion des connaissances philosophiques et scientifiques dans le grand public qui est leur finalité me semble une motivation louable. Quant aux mythes édifiants et anagogiques qui sont des mensonges politiques et éthiques, ceux-là me semblent inacceptables », p. 57 et pp. 74-76.

[68] Marcien Towa, *L'idée*, p. 59.

[69] B. Fouda, *Philosophie négro-africaine de l'existence*, Lille, 1967, p. 16, cité par Marcien Towa, *Essai*, p. 29.

si l'Africain était dépourvu de toute historicité, de toute volonté d'émancipation, de toute capacité de se faire, de se forger un nouvel être, de faire la vérité à ses risques et périls, d'être sujet[70]. Or, admettre tout cela, écrit Fabien Eboussi Boulaga, c'est insulter le Nègre plus que ne le fit Hegel, car c'est faire comme si « Hegel, au siècle dernier, décrivait moins le Nègre qu'il ne prophétisait celui que nous allions devenir[71] ». L'ethnophilosophie est donc l'allié idéologique du néocolonialisme, car affirmer que les Africains ont une philosophie et poser cette dernière comme un héritage sacré à conserver à tout prix c'est leur retirer le droit de penser par eux-mêmes et de porter des projets de réforme ou de révolution sociale : si un Africain juge les situations par lui-même et conteste l'ordre établi, alors il n'est pas un authentique Africain, il est manipulé de l'extérieur par ceux qui veulent déstabiliser son pays. Ainsi, pendant que dans le monde entier les peuples luttent pour leur émancipation, les Africains doivent attendre le temps de Dieu.

En fait, dire que les Africains sont capables de philosopher et poser leur philosophie au-dessus d'eux, comme une réalité transcendante par rapport à toutes les conditions matérielles d'existence, c'est admettre que comme ils étaient ainsi ils resteront éternellement. C'est donc affirmer qu'ils n'ont qu'une intelligence routinière. Ce qui revient, une fois de plus, à légitimer la colonisation. Car, si leur intelligence est routinière, si tels ils étaient tels ils resteront, cela veut dire que, comme les termites ou les abeilles, il suffit de mieux les étudier, mieux les connaitre, pour les domestiquer. Ce qui était d'ailleurs l'intention profonde de Tempels. Son ouvrage dont l'intention était

---

[70] Fabien Eboussi Boulaga, *A contre temps, l'enjeu de Dieu en Afrique*, Paris, Karthala, 1991, pp. 45-48.
[71] Fabien Eboussi Boulaga., *Lignes de Résistance*, Yaoundé, CLE, 1999, p. 63.

d'aider les Nègres à systématiser leur philosophie, tant leur structure mentale leur en barrait irrémédiablement la route, ne s'adressait pas aux Africains, mais aux Occidentaux, et en particulier à ceux qui envisageaient de participer à la mission civilisatrice. C'était une sorte de *vade-mecum*, une philosophie-recette qui avertit des erreurs à ne plus commettre, de la démarche la plus efficace pour réussir la colonisation des Noirs. Ainsi, si le missionnaire belge prend la défense du Négro-Africain au sujet de son humanité contestée, c'est principalement pour asseoir l'entreprise civilisatrice.

Le dogmatisme et l'unanimisme résultent donc d'une espèce de fixisme qui est au service de la « mission civilisatrice »[72]. En d'autres termes, la *philosophie africaine* que Tempels et Kagame prétendent exhumer de la tradition africaine et qu'ils attribuent à un passé africain sans écriture est en réalité la leur : c'est ce que Towa appelle la rétrojection, c'est-à-dire l'introduction subreptice de ses propres convictions dans des textes où on prétend découvrir le passé de la pensée des Africains. Selon lui, elle est « le péché mignon de l'ethnophilosophie[73] ». Chez Tempels et Kagame qui étaient des missionnaires, il s'agit de cette attitude qui consiste à examiner la culture africaine dans l'espoir d'y déceler des pierres d'attente de la vérité, c'est-à-dire des éléments qui prépareraient les Africains à recevoir l'annonce de l'Évangile et qui feraient de l'Afrique une terre de mission par excellence.

Ainsi, l'abbé Kagame part d'un système de pensée déjà accepté par l'Église, l'aristotélisme, et étudie la structure grammaticale et sémantique d'une langue africaine dans le

---

[72] « Toute idéologie fixiste, écrit Towa, est destinée à éterniser le régime colonial », « Aimé Césaire, prophète de la révolution des peuples noirs », in *ABBIA*, N° 21, Janvier-Avril 1969, p. 53.
[73] M. Towa, *Histoire de la pensée africaine*, p. 26.

but d'y trouver quelque chose qui préfigure ce système. Autrement dit, le fait que des concepts de la philosophie aristotélicienne soient préfigurés dans la philosophie bantoue confirmerait le fait que les Africains ont été, comme les Grecs, de par leurs traditions, préparés à recevoir l'Évangile[74]. Quant au Père Placide Tempels, son ontologie qui, contrairement au préjugé raciste de Hegel, inscrit les Noirs dans l'ordre de l'humanité a pour noyau la force vitale. Et l'être qui, selon lui, est force chez les Bantous est régi par deux principes.

Le premier est celui de la primogéniture : la vie apparaît ici comme un don du Ntu suprême – Dieu ou Esprit créateur qui se trouve au sommet de la pyramide des forces – qui se transmet à travers le principe de l'antériorité de naissance. C'est à travers le respect de ce principe que le Bantou assure aussi bien sa conservation que l'harmonie sociale. C'est aussi ce principe qui est à la base de la désignation des chefs et qui fait que le chef, chez le Bantou, est le père, le maître, le roi. D'après ce principe, le Muntu vit et se meut donc toujours dans une relation de causalité avec sa communauté ; il garde avec elle un rapport ontologique intime comparable au lien de causalité qui relie la créature au créateur. Ce qui nous permet de passer au second principe qui est celui du dynamisme. Selon Tempels, il existe dans l'ontologie bantoue une interaction de forces entre les êtres. L'homme vivant ou mort peut renforcer ou diminuer un autre homme dans son être. Autrement dit, tout

[74] Clément d'Alexandrie, voulant démontrer au début de l'ère chrétienne que le christianisme représente ce vers quoi tendent toutes les cultures, affirmait déjà que c'est Dieu qui a donné aux Grecs la philosophie d'Aristote pour les préparer à accueillir l'Évangile comme il a donné aux Juifs la Loi de Moise. L'aristotélisme n'est donc pas choisi par hasard. S'il y a dans la langue africaine quelque chose qui préfigure ce système, alors il y a fort à parier que les Africains, eux aussi, comme les Grecs, ont été préparés depuis longtemps par Dieu à recevoir l'Évangile.

être peut devenir plus fort ou plus faible. D'où la nécessité des rites initiatiques pour un renforcement permanent de la force vitale. Le rapprochement avec le Magistère est à peine voilé : si le premier principe de l'être, la primogéniture, incite au respect de la hiérarchie et à une docilité toute moutonnière, le second, le dynamisme, dispose les Africains aux sacrements à travers lesquels le Christ, qui est le tronc, transmet la vie ou la sève aux chrétiens qui en sont les branches, selon la métaphore évangélique.

Ainsi, le Muntu, à travers ces deux lois ou principes de l'être, serait plus primitif, c'est-à-dire plus proche de la vérité éternelle originellement révélée aux premiers hommes par le créateur. En d'autres termes, si ce message, chez la plupart des peuples, a été considérablement oblitéré par des doctrines purement humaines, il en est resté des traces plus vivaces chez les primitifs, parmi lesquels figurent les Nègres. Et « c'est à retrouver ces traces de l'éternelle vérité chez les Bantu que s'emploiera le missionnaire[75] ». Aussi, tout en prenant la défense du Négro-africain au sujet de son humanité contestée, Tempels et Kagame qui sont avant tout des missionnaires légitiment également la civilisation et le présentent comme un être inférieur qu'il faut impérativement protéger.

La négritude senghorienne qui se veut une réaction à l'assimilation culturelle pèche, elle aussi, par ce même fixisme et aboutit malheureusement au même résultat. L'intellectuel colonisé qui revient aux sources pour y puiser des richesses culturelles originales que les siens apportent au rendez-vous du donner et du recevoir estime que ce que l'homme noir y apporte c'est essentiellement l'émotion-féminité : « Le nègre de Senghor demeure en définitive un être qui se définit par la faculté d'être ému. C'est également un être qui ignore l'opposition, la haine, la violence, la lutte ;

---

[75] Marcien Towa, *Histoire de la pensée africaine*, p. 98.

un être qui ne sait qu'aimer, communier. C'est le principe féminin, la passivité complémentaire de l'activité, de l'agressivité et de la puissance du Blanc, principe mâle[76] ». Ainsi, « Senghor réintroduit l'idée d'une hiérarchie des races. Étant par essence émotif, sensuel, inapte à l'abstraction et non violent, le nègre ne saurait rivaliser avec le Blanc dans le domaine de la puissance, de la science et de la technologie. C'est donc naturellement que dans l'orchestre de la convergence panhumaine, il tiendra la section rythmique et le Blanc la baguette de direction[77] ». La réaction senghorienne à l'assimilation, sans le vouloir, enferme donc éternellement le Noir dans l'infrahumain et consacre sa dépendance politique et économique[78].

En fait, écrit Towa, « l'infériorisation de l'opprimé constitue l'idée centrale de toute idéologie d'oppression[79] ». Aussi, lorsque l'opprimé se révolte, doit-il veiller à ne pas

---

[76] Marcien Towa, *Identité et transcendance*, p. 122.

[77] *Identité et transcendance*, p. 78.

[78] Nous n'ignorons pas l'effort de réhabilitation de la pensée senghorienne effectué par Souleymane Bachir Diagne. Selon ce dernier « la pensée de Senghor est une pensée en mouvement ». Aussi, si « les formulations essentialistes traversent ses intuitions de départ », elles ont été progressivement dépassées grâce à la conversation permanente qu'il entretenait avec la philosophie de son temps, « celle de Teilhard de Chardin, mais aussi de Sartre ou de Bergson », « Senghor et la question qui se pose toujours », Entretien avec Nadia Yala Kisukidi, in *ThéoRèmes*, mis en ligne en novembre 2013, journals.openedition.org/ théorèmes, pp. 18-19. Mais la question qu'on devrait se poser est la suivante : pourquoi tant d'hésitations sur l'humanité du Noir de la part même de celui qui se voulait être son plus grand défenseur ? Fallait-il attendre Sartre pour se rendre compte de la pleine humanité du Noir ? Sans toutefois remettre en question les thèses brillantes de l'auteur, nous nous en tenons avec Marcien Towa à ce que lui-même reconnait être les premières intuitions de Senghor. On pourrait désormais dire le premier Senghor. Voir aussi Souleymane Bachir Diagne, « La Négritude comme mouvement et comme devenir », Paris, *Rue Descartes* 2014/4 (n° 83), pp. 50-61.

[79] *Ibid.*, p. 118.

laisser au maître le monopole de ce qui est proprement humain. En d'autres termes, la revendication de son être propre doit être précédée d'un effort de réflexion pour la détermination de l'humain en général. Ce qui n'a pas été le cas dans la négritude du premier Senghor. Ainsi, c'est parce que son essentialisme enferme le nègre dans l'infrahumain et légitime plutôt sa domination et son exploitation par le Blanc qu'il mérite d'être déconstruit[80].

3. De la philosophie africaine traditionnelle comme un moment de l'histoire de la pensée africaine

L'essentialisme est le fait de fixer à certaines catégories d'homme des limites infranchissables. Et s'il s'applique au senghorisme, c'est parce que chez Senghor[81], « les institutions et toutes les productions culturelles des Nègres sont dérivées de la structure fondamentale du Nègre. L'essentiel, le déterminant, c'est donc cette structure, parce que c'est elle qui produit les mêmes comportements et les mêmes œuvres[82] ». L'ensemble des valeurs qui constituent la négritude est alors ontologiquement inséparable du Nègre. Il constitue l'*âme noire* immuable et inaltérable que le Nègre ne peut dépasser, pas plus que le zèbre ne peut se passer de ses zébrures. Et cette âme noire, nous l'avons déjà vu, c'est l'émotion-féminité qui confère à la colonisation sa légitimité la plus rassurante[83]. C'est donc parce que le senghorisme, contrairement à son intention, est un allié

---

[80] « La situation, rappelle Towa, est habituellement inverse avec le racisme Blanc. Son essentialisme spécifique présuppose une théorie générale de l'homme et de la civilisation, c'est pour cette raison qu'il pose le Blanc comme le seul homme véritable, les autres races étant classées hiérarchiquement selon leur ressemblance avec le modèle », Identité *et transcendance*, p. 117.

[81] Le premier Senghor selon Souleymane Bachir Diagne.

[82] *Ibid.*, p. 113.

[83] Adolf Hitler et Gobineau n'auraient pas dit mieux.

idéologique de l'impérialisme que Towa dit être « amené à remettre en cause son approche statique de l'univers culturel noir et à rechercher une tout autre base[84] ». Et cette autre base consiste à ramener la pensée africaine traditionnelle à ce qu'elle est effectivement : un moment de l'histoire de la pensée africaine, « un état de fait contingent des cultures africaines à une phase déterminée de leur processus évolutif[85] ».

Contrairement donc à Senghor et aux philosophes missionnaires qui, tout en considérant qu'il existe une philosophie africaine absolue, collective et inconsciente, veulent nous dispenser de philosopher dans le présent, c'est-à-dire de porter un projet de réforme ou de transformation de notre milieu social, Marcien Towa inscrit la philosophie africaine traditionnelle ou antique dans une perspective historique en la considérant comme un moment de l'histoire de la pensée africaine. Ce qui libère l'Africain de la dictature du passé ou de l'esprit routinier qui l'assimile à l'animal et le condamne dans un rôle prédéfini par l'impérialisme. En d'autres termes, le fait que nos ancêtres aient philosophé ne nous dispense pas de philosopher à notre tour aujourd'hui. Aussi, lorsque le sens originel de la pensée africaine traditionnelle a été, autant que possible saisi, nous devons le soumettre à la critique, nous devons l'éprouver, non pas du point de vue d'un système particulier tenu pour unique vérité, mais du point de vue de notre être-dans-le-monde-actuel, de la détermination de la manière de le prendre en charge et de l'infléchir dans une direction définie. « C'est à l'issue de cette évaluation, de ce jugement que le sens peut être accepté ou rejeté[86] ».

[84] *Identité et transcendance*, p. 114.
[85] *Ibid.*, p. 121.
[86] Marcien Towa, *Histoire de la pensée africaine*, p. 26.

Ainsi, tout en reconnaissant qu'« une authentique philosophie a fleuri sur les bords du Nil plusieurs millénaires avant Thalès, le premier présocratique[87] », Marcien Towa nous invite, premièrement, à plus d'efforts pour la retrouver. Il nous exhorte à partir des textes. Et, « par texte, écrit Towa, il ne faut pas entendre nécessairement texte écrit comme pourrait le faire croire la référence à Platon et à Aristote dont nous disposons des œuvres écrites. Littéralement texte signifie tissu, ensemble organisé d'éléments quelconques. Mais (...), par opposition au commentaire ou à la traduction, le texte c'est également l'expression originelle et authentique de la pensée d'un auteur. Il y a donc dans la notion de texte l'aspect d'authenticité, comme lorsque nous disons : laissons les commentaires, revenons au texte même (...) ; le texte peut se présenter sur une forme écrite, mais aussi sous une forme orale. Si le texte écrit offre plus de possibilité d'élaboration et de raffinement, le texte oral est même peut-être plus authentique que le texte écrit parce que plus près de la pensée vivante[88] ». Par ces paroles, Towa prend définitivement les distances d'avec tous ceux qui, comme Hountondji, pensent que l'écriture étant la condition de la pensée, la philosophie aurait fait défaut à l'Afrique du fait de sa tradition essentiellement orale. Selon Towa, si « l'oralité socratique a fondé la rationalité occidentale[89] », alors l'idée selon laquelle l'écriture est absolument nécessaire pour l'élaboration de la pensée n'est pas pertinente. On devrait insister beaucoup plus sur l'authenticité des textes à partir desquels on prétend extraire une philosophie africaine. Mais, martèle-t-il, « pour nous, lorsque nous aurons répondu à la question de fait : comment pensent les Africains traditionnellement ? Nous n'aurons

[87] Marcien Towa, *L'idée d'une philosophie négro-africaine*, p. 32.
[88] ID., Towa, *Histoire de la pensée africaine*, p. 84.
[89] *Ibid.* p. 19.

effectué que le premier pas. Resterait à répondre à la question, plus décisive, de la valeur de cette pensée. Or cette question, qui est plus proprement philosophique, n'est pas réellement posée par l'ethnophilosophie…[90] » Ce qui revient à dire que « déterrer une philosophie ce n'est pas encore philosopher[91] », car ce n'est que le premier moment après lequel devrait suivre le second véritablement philosophique, celui de l'évaluation. Une attitude par rapport à notre passé qui tranche aussi bien avec les *philosophies africaines* de Tempels et Kagame qu'avec l'essentialisme de Senghor.

Contrairement au mouvement de retour aux sources et à l'authenticité africaine, Marcien Towa nous exhorte donc à soumettre nos traditions à une critique sans complaisance, à nous transformer en profondeur, à nier notre être intime pour devenir l'autre[92]. Serait-il allé « au-delà des limites du raisonnable[93] » comme estime Lazare Poame ?

Naturellement, si on prend ces paroles à la lettre, on pourrait dire que Towa est allé trop loin. Mais alors il se contredirait lui-même puisque dans le même opuscule il nous rappelle que « le passé constitue une dimension inéluctable de tout ce qui peut être entrepris dans le présent[94] ».

[90] *Ibid.* p. 98.
[91] M. Towa, *Essai*, p. 29.
[92] *Ibid.*, p. 39.
[93] Lazare Marcellin Poame, « Les ipséités culturelles face à la dynamique universaliste du phénomène technique et de la démocratie », *op.cit.*, p. 338.
[94] « Toute révolution est autorévolution, autotransformation radicale. Le sujet historique se dédouble et s'objective, c'est-à-dire, existe à la fois comme sujet qui doit opérer la révolution et comme objet qui doit être révolutionné. Le passé subsiste dans le présent en ceci que notre situation présente résulte du passé. Ce que nous sommes en propre, notre essence provient de notre passé. Là, réside le fondement du fait

En fait, dans un article consacré à Césaire en 1969, Towa reconnait avec ce dernier que « la voie la plus courte vers l'avenir est toujours celle qui passe par l'approfondissement du passé[95] ». Il considère donc qu'il est très important pour les Africains de revisiter constamment leur passé pour réveiller chez les colonisés qu'ils sont aujourd'hui le goût de la liberté, pour abolir en eux le sentiment de la fatalité de l'asservissement par le rappel de ce que furent jadis leurs ancêtres, leur contribution essentielle et irremplaçable à l'histoire de l'humanité et leur triomphe sur d'autres peuples pendant plusieurs siècles[96]. Mais ce n'est pas l'unique rapport – l'exaltation de la grandeur passée – que les Africains devraient avoir avec notre passé. Mieux, l'exaltation de la grandeur passée devrait les amener à se poser la question suivante : « Puisque l'Afrique était si avancée, si cultivée, pourquoi donc a-t-elle été asservie et colonisée par l'Europe ?[97] » La réponse de Towa à cette question est bien connue : « Nos empires, nos royaumes bien organisés et prospères se sont effondrés sous les coups des négriers et des colonisateurs grâce à la supériorité de leur armement et de leur technique[98] ». « Notre monde ancien n'a pas pu supporter le choc du monde européen[99] ». Ce qui revient à

---

que le passé constitue une dimension inéluctable de tout ce qui peut être entrepris dans le présent », Marcien Towa, *Essai*, p. 49.

[95] « Aimé Césaire, prophète de la révolution des peuples noirs », in *ABBIA*, N° 21, Janvier-Avril 1969, p. 54.

[96] C'est là le mérite que Towa reconnait à la Négritude : « réveiller chez les colonisés le goût de la liberté, abolir chez eux le sentiment de la fatalité de l'asservissement, par le rappel de ce qu'ils furent jadis, des cultures qu'ils créèrent, etc., et les convaincre qu'ils ne sont pas de trop, qu'ils ne parasitent pas le monde, que leur contribution à la grande œuvre de l'humanité fut essentielle et est irremplaçable », *Essai*, p. 36.

[97] « Aimé Césaire, prophète de la révolution des peuples noirs », *op.cit.*, p. 55.

[98] *Ibid.*, p. 55.

[99] Marcien Towa, *Essai*, p. 40.

dire que « ce que nous avons en propre ce ne sont pas seulement des valeurs que le monde attendrait, mais aussi de redoutables lacunes. Celles-ci, poursuit Towa, furent responsables de notre défaite, et la responsabilité de nos difficultés actuelles doit aussi leur être attribuée pour une bonne part [100]».

La raison profonde de la défaite infligée par l'Europe aux peuples coloniaux réside donc dans la différence de culture. Mieux, cette défaite se justifie par le fait que « la civilisation occidentale recèle une arme secrète dont il importe absolument de s'emparer pour sortir de la raque de l'histoire[101] ». En d'autres termes, si la libération est notre but, nous devons identifier le secret de la puissance occidentale et l'introduire dans notre culture. Pour ce faire, nous devons d'abord retrouver notre humanité, c'est-à-dire notre liberté de juger et d'évaluer notre passé. Mieux, comme ont fait les Chinois, nous devons retourner aux sources dans une réinterprétation libre, rationnelle et areligieuse, analogue à celle de la Renaissance européenne afin de nous libérer de toutes les formes d'obscurantisme qui entravent notre marche en avant[102].

Contrairement à la dictature du passé prônée dans la Négritude senghorienne, Towa pense donc qu'au lieu de se laisser imposer une *tradition africaine* qui fait d'eux des

---

[100] *Ibid.*, p. 39.
[101] Towa, *Essai*, p. 40.
[102] « La Chine se libère de la religion, en l'occurrence le Bouddhisme, dès l'époque des Song et définitivement avec les Ming (...), l'analogie entre la Renaissance chinoise et celle ultérieure de l'Europe est frappante. Les Chinois *retournent aux sources*, le confucianisme, dans une réinterprétation libre, rationnelle et areligieuse, analogue à celle de la Renaissance européenne (...) pour rompre avec ce que les Lumières qualifieront d'obscurantisme religieux du Moyen-Âge », Samir Amin, « Le modèle chinois de développement : origines et parcours dans la mondialisation actuelle », in *Vie économique*, Vol. 1, N° 2, Version numérique p. 5.

marchepieds de l'Occident, les Africains doivent pouvoir eux-mêmes définir les critères de transmissibilité des éléments de leur tradition. Et, étant donné que la situation actuelle de l'Afrique est celle de la domination par l'autre qui s'est imposé « grâce à la force physique qu'il tire de la connaissance scientifique des éléments et des processus naturels », le principal critère de transmissibilité des traditions africaines doit être la libération. Elles ne doivent être jugées dignes de transmissibilité que dans la mesure où elles contribuent à cet objectif. En d'autres termes, dans notre rapport avec le passé nous ne devons pas seulement viser notre être, mais notre devoir-être. Ce n'est plus tout simplement la recherche de notre être distinctif, de notre essence à préserver à tout prix, qui doit commander notre rapport avec le passé. Sa visée ne doit plus être tout simplement de nous révéler une noblesse, une grandeur ou une beauté méconnue à préserver ou à restaurer. Nous devons plutôt faire le diagnostic du mal à guérir, des lacunes à combler. Car, s'il est vrai, comme témoigne la situation actuelle de l'Afrique, que notre monde ancien n'a pas pu résister au choc avec l'Occident, cela veut dire que l'erreur serait de reconduire ce passé. Mais surtout, cela sous-entend que « nous sommes en quête de quelque chose qui nous manque, et non de ce que nous aurions déjà[103] ». Ainsi, au lieu de rechercher l'originalité et la différence, nous devons adopter une attitude d'ouverture à l'égard de la civilisation européenne. Comme préconisait déjà Kwame Nkrumah, nous devons intégrer harmonieusement dans notre culture tous les éléments étrangers qui peuvent nous permettre de construire une *idéologie moderne dynamique* indispensable à notre lutte pour la libération[104].

---

[103] Marcien Towa, *Essai*, p. 59.

[104] « Dans la production intellectuelle de l'Afrique moderne, et en général, du monde noir moderne, écrit Towa, nous ne voyons guère que le consciencisme de Kwame Nkrumah, qui corresponde à la méthode

En fait, dans *l'idée d'une philosophie négro-africaine*, Marcien Towa nous rappelle que « la logique de la domination amène la bourgeoisie internationale à s'allier aux puissances rétrogrades qu'elle a dû elle-même combattre pour s'émanciper (le fanatisme, la superstition, etc.) et à s'opposer à l'essor de la pensée chez ses victimes parce que la pensée de celles-ci ne peut que se dresser contre l'oppression[105] ». Cette entreprise idéologique du colonisateur qui consiste à encourager tous les éléments de la civilisation traditionnelle jugés favorables à la domination et qui combat dans les sociétés envahies toutes les forces hostiles à l'asservissement, c'est-à-dire ce qu'il y avait de plus sain dans ces sociétés[106], est dénoncée par Towa depuis 1963. Dans un article consacré à l'éducation coloniale, il se demandait déjà « pourquoi l'Europe a-t-elle pu dominer le monde ?[107] » Et, selon lui, ce n'est pas grâce au christianisme comme nous a laissés croire Jasper dans *Origine et Sens de l'Histoire*. Mais, « ce sont la science et la technique qui ont doté l'Europe d'une puissance militaire sans commune mesure avec celle du reste de l'humanité[108] ». Cependant, ajoute Towa, l'Europe qui a eu le temps d'acquérir l'art de combiner savamment la force et la ruse a très vite compris que l'exploitation économique des territoires occupés par la force, objectif principal de la colonisation, n'était pas réalisable sans la participation des indigènes. « Il importait par conséquent d'obtenir d'eux la

---

que nous proposons de la philosophie. L'interrogation du consciencisme porte sur une possibilité de nous-mêmes : une Afrique spirituellement et matériellement intégrée sur la base d'une idéologie moderne dynamique », *Essai*, pp. 53-54.

105 Towa, *L'idée*, pp. 62-63.

106 *Ibid.*, p. 52.

107 Marcien Towa, « Principes de l'éducation coloniale », *ABBIA*, Revue Culturelle Camerounaise – Cameroon Cultural Review, N° 3, Yaoundé, septembre 1963, p. 26.

108 *Ibid.* p. 27.

résignation, le consentement à l'oppression, ou même (pourquoi pas) l'amour de l'oppression[109] ». Et pour obtenir ce résultat, rien de plus efficace que le christianisme. « Entre l'Église missionnaire et le colonialisme, un pacte immonde fut scellé au terme duquel chaque *messager de Dieu* devait abriter sous les plis de son froc, un colonialiste. On vit donc les régimes laïcs, hostiles par principe à l'école confessionnelle en métropole, encourager et subventionner l'enseignement confessionnel dans les colonies. Et c'est ainsi que les missionnaires acquirent chez nous le quasi-monopole de l'enseignement[110] ». Ainsi, pendant que l'administration coloniale procédait au désarmement physique des populations assiégées par l'interdiction de la fabrication des armes à feu et qu'elle ruinait l'artisanat indigène, les missionnaires, *selon une habile division du travail,*[111] se livraient à notre désarmement intérieur ou spirituel. Ils supprimèrent les initiations qui étaient l'organe de transmission essentiel de la culture[112], taxèrent de fétichisme le recueillement devant les statues des ancêtres lequel ravivait le goût de la liberté et les énergies endormies, prohibèrent toute velléité de résistance à l'oppression, identifièrent l'indigène au mal et le colonisateur au bien, rendirent l'oppression attrayante et remplirent l'esclave de reconnaissance pour son maître.

Ainsi, contre tout traditionalisme inhibiteur de la pensée créatrice et de la raison, Towa signale dans les « Principes de l'éducation coloniale » que « pour décrire notre situation culturelle au lendemain du régime colonial, un mot s'impose : le chaos[113] ». En d'autres termes, du fait de

---

[109] *Ibid.*, p. 29.
[110] *Ibid.*, p. 30.
[111] *Idem.*, p. 30.
[112] « Elles disparues, nos civilisations cessaient d'être vivantes », écrit Towa, *Ibid.*, p. 31.
[113] *Ib* p. 34.

l'entreprise missionnaire qui y a introduit des éléments étrangers pour nous plier au rôle que le colon voulait nous assigner, nous nous trouvons aujourd'hui dans une situation de totale désintégration culturelle. Cependant, il nous rappelle aussi dans *Identité et transcendance* que l'homme est un être éminemment créateur et transformateur et que l'univers culturel en sa totalité est le fruit de cette créativité inépuisable[114]. D'où « la nécessité de la transformation permanente de toute culture constituée sur la base de la pression des contextes changeants et suite à la décision libre du sujet humain de sélectionner les éléments culturels pertinents qui permettent la réalisation du projet de soi et de celui de la collectivité sociale dans son ensemble[115] ». En d'autres termes, étant donné que la culture est le fruit de la créativité humaine, le dépassement de soi par soi (c'est-à-dire le retour critique sur nos productions culturelles pour les débarrasser des éléments morts) devrait constituer la dialectique normale de toute culture vivante[116]. Et c'est le rôle qu'il confie aux philosophes africains d'aujourd'hui. Ils doivent être « les agents d'une transmission critique des

---

[114] Marcien Towa, *Identité et transcendance*, Paris, Harmattan, 2011, p. 289.

[115] C'est Pius Ondoua qui résume si bien l'attitude de Towa par rapport aux traditions dans « Par-delà la Transcendance. Une critique d'*Identité et transcendance* de Marcien Towa », in *Un monde différent. Défi du présent, utopie créatrice de l'avenir*, Paris, Harmattan, 2018, p. 200. Même si par la suite, comme nous verrons plus loin, il s'oppose aux vues de Towa dans le choix qui s'impose à nous entre l'universel technique et démocratique et le particularisme culturel.

[116] Loin de prôner la dilution sans reste de l'Africain dans l'Européen, Towa nous dit donc explicitement que l'intention profonde de son œuvre est de « normaliser notre approche du passé et de notre culture en la rendant critique alors qu'elle est essentiellement narcissique dans l'ethnophilosophie », *Essai*, p. 55.

savoirs traditionnels[117] ». Ils doivent soumettre les traditions africaines au tribunal de la raison afin de les libérer de tout ce qui a été inculqué aux Africains par rétrojection pour dompter l'homme en eux. Ils doivent défaire nos traditions de tous les éléments rétrogrades – qui nous rendent complices de notre propre situation – et ne conserver et transmettre à la postérité que les productions culturelles qui font une grande place à la discussion critique, c'est-à-dire à l'intelligence, et qui sont, par conséquent, dignes de contribuer efficacement à la libération du continent noir. Bref, au lieu de continuer à reconstruire un être africain paléontologique à partir des restes fossilisés de la culture pour espérer obtenir un certificat d'humanité, les philosophes doivent nous aider « à opérer le changement de mentalité qui conditionne l'édification de notre propre puissance[118] ».

À ceux qui, comme Pius Ondoua, ne voient dans ce rapport dialectique avec le passé qu'un autoanéantissement programmé, Towa rappelle que « ce choix dramatique entre l'essence du soi et sa destruction au profit de l'autre s'est imposé à tous les peuples qui durent affronter la puissance de l'Occident[119] ». Et les peuples qui ont accepté de se remettre en question – la Russie avec la Révolution d'octobre 1917, la Chine avec le mouvement du 4 mai 1919, sorte d'Aufklârung chinois – afin d'assimiler le secret de l'Occident impérialiste se retrouvent aujourd'hui eux-mêmes, tandis que ceux qui ont voulu préserver leur originalité sont en train de se perdre en le perdant : « les premiers ont fait peau neuve et ont retrouvé santé et vigueur, les seconds incapables de riposter adéquatement au défi du

[117] Ernest-Maris Mbonda, « Traditions orales et transmission de la pensée philosophique : à partir de Marcien Towa et Henry Odera Oruka », *op.cit.*, p. 6.
[118] *Essai*, p. 68.
[119] *Ibid.*, *p.* 42.

temps, succombent sous le poids du passé, s'éloignent de la scène de l'histoire et deviennent un champ d'action et d'extension de l'autre[120] ». Le chemin de l'autonomie culturelle passe donc obligatoirement par « la lutte contre les forces intérieures du système mondial de domination et d'oppression, et la solidarité avec toutes les forces qui, dans le monde, combattent ce monstre[121] », c'est-à-dire l'accueil du différent, l'ouverture à l'autre, l'édification d'une puissance matérielle capable de garantir notre souveraineté et notre pouvoir de décision dans tous les domaines.

II. La critique de l'autoritarisme ou le progressisme de Marcien Towa

1. De l'authentique tradition africaine comme tradition de la palabre

Hegel, nous l'avons vu, a défini la philosophie comme la pensée reposant sur elle-même, c'est-à-dire ne souffrant d'aucune autorité au-dessus d'elle. Et s'il a exclu l'Afrique de la philosophie c'est parce qu'il estime que la mentalité critique et la culture du débat lui aurait fait défaut bloquant l'éclosion de la philosophie, du fait du despotisme qui, selon lui, régnait dans les sociétés africaines traditionnelles.

Dans sa controverse contre l'ethnophilosophie, Towa accrédite cette conception hégélienne de la philosophie en reconnaissant que la philosophie est essentiellement esprit critique, c'est-à-dire débat sur l'absolu, sur les valeurs et les normes suprêmes[122]. Il s'agit là d'une conviction qui est une

---

[120] *Essai*, p. 46.

[121] Marcien Towa, *L'idée*, p. 54.

[122] « La philosophie, écrit-il dans son *Essai sur la problématique philosophique dans l'Afrique actuelle*, est peut-être la seule discipline qui a le courage et la force de soumettre ouvertement l'absolu à la

constance dans toute son œuvre. Car, même dans *L'Idée d'une philosophie négro-africaine* qui corrige un certain nombre de griefs qui avaient été formulés à l'endroit de son *Essai*, notamment celui de prêter le flanc à l'assimilationnisme qu'il reproche pourtant à Senghor, il affirme que « la philosophie est avant tout refus du principe d'autorité dans quelque domaine que ce soit et exigence de rationalité[123] ». Plus loin, dans le même ouvrage, il réitère fortement son allégeance à Hegel en précisant qu'ainsi définie, la philosophie « ne peut s'instaurer, s'enraciner et s'épanouir sans un milieu sociopolitique favorable à la discussion[124] ».

Si donc, de l'avis de tous les africanistes africains, dans le domaine de la philosophie, comme dans tant d'autres, c'est l'Égypte ancienne qui a ouvert la voie, alors on est bien en droit de penser que l'authentique tradition africaine n'est pas celle de l'autoritarisme et du despotisme religieux. En tout cas, selon Towa, les contes de Kulu-la-Tortue, de Leuk-le-Lièvre et Guizo-l'Araignée, qui dévoilent la pensée africaine traditionnelle la plus profonde, « contestent toute forme d'absolutisme[125] ». En fait, l'Africain de l'Égypte antique, rapporte Towa, croyait en l'existence d'un ordre cosmique, la Maât, qui, comme le Bien de Platon, était le principe d'unification finale de la science et de l'éthique. Sur le plan physique, il correspondait à l'exactitude et à la mesure et sur le plan éthique à la vérité, à la justice et à l'ordre. Seulement, il s'agissait d'une valeur fondamentale et non d'un code précis et détaillé comparable à la loi de Moïse. Autrement

---

discussion, de le prendre comme objet de débats publics, débats qui ne sont pas seulement formels puisqu'ils aboutissent souvent à le détrôner. L'ethnophilosophie au contraire, a pour effet, sinon pour but, d'éluder le débat sur l'absolu », pp. 31-32.

[123] *L'Idée d'une philosophie négro-africaine*, p. 11.

[124] *Ibid.*, P. 48.

[125] *Ibid.*, p. 39.

dit, si les Africains de cette époque, aussi bien les rois que les citoyens, savaient avoir pour devoir de faire correspondre leurs actes à cette justice immanente, les maximes ou normes de comportements précises qui la traduisent restaient pour eux l'objet d'une réflexion et d'une quête permanente. « Ainsi, ce qui dans la Bible ou le Coran, apparaît comme le péché des péchés, à savoir la science de la séparation ou du discernement du bien et du mal, est pour l'Égyptien un devoir élémentaire[126] ». Autrement dit, les valeurs et les normes suprêmes en Égypte n'étaient pas les volontés et les idées d'un être parfait unique remis à un Envoyé dans un grand déchainement d'orages, d'éclairs et de tremblement de terre, mais elles étaient le résultat d'un effort collectif, d'une recherche et d'une réflexion menés en commun[127]. Les cycles de Kulu-la-Tortue, Leuk-le-Lièvre et Guizo-L'Araignée qui célèbrent « la promotion de l'intelligence humaine au rang de guide suprême et unique dans le combat de la vie[128] » n'admettent d'ailleurs pas l'existence d'un être surnaturel parfait et unique. Ils nous mettent plutôt en garde contre la croyance au surnaturel et au magico-religieux qu'ils considèrent comme une sottise[129]. Car, selon ces contes, celui qui, dans la vie, renonce à penser par soi-même pour suivre aveuglement un guide se fera tôt ou tard manœuvrer par ce dernier aussitôt qu'il y trouvera son compte. C'est ce qu'apprennent à leurs dépens les adversaires généralement plus forts de Kulu ou de Leuk : Ze-la-Panthère ou Bouki-l'Hyène.

---

[126] Marcien Towa, *L'Idée d'une philosophie négro-africaine*, p. 29.
[127] *Ibid.*, 39.
[128] *Ibid.*, p. 33.
[129] La superstition, la croyance aux miracles, au surnaturel, est comparable, selon Towa, à ce que Feuerbach appelle l'aliénation. Car le superstitieux ici est celui qui renonce à ses facultés, à ses responsabilités, au profit d'un être imaginaire qui n'est rien d'autre que l'image de l'homme agrandie.

L'authentique sagesse africaine, parce qu'elle invite chacun, bien avant les Lumières européennes, à se servir de sa propre intelligence et refuse d'admettre l'existence d'un être surnaturel parfait et unique, plaide donc plus en faveur de la démocratie que de l'autoritarisme et du despotisme. Autrement dit, l'autoritarisme présidentiel caractéristique de l'État africain néocolonial n'a pas de fondement dans l'authentique tradition africaine. Pour Jean-François Bayart, il constitue, dans son fond, le legs de la colonisation puisqu'il « puise une bonne part de son inspiration idéologique et pratique dans le moment colonial, c'est-à-dire dans sa filiation avec l'appareil de coercition du blanc[130] ».

En fait, l'administration coloniale, confirme Ebénézer Njoh-Mouelle, était une administration de donneurs d'ordres aux indigènes[131]. Or, les indépendances n'ont marqué la rupture avec l'ordre colonial que dans les apparences, puisqu'elles « n'avaient pas pour objectif de liquider le rapport colonial, mais de le contractualiser et de le sous-traiter à des fondés de pouvoir indigènes[132] ». C'est donc à juste titre que Marcien Towa qualifie nos dirigeants de *féodaux indigènes*[133]. Comme le colon, ils estiment qu'ils ne sont pas de la même condition que ceux qu'ils gouvernent. Certains pensent même que le pouvoir leur revient par nature. Ils ne s'imaginent pas autres que gouvernants. C'est pourquoi ils sont prêts à mourir au

---

[130] Jean-François Bayart, *L'Illusion identitaire*, Paris, Fayard, 1996, p. 41.

[131] E. Njoh Mouelle, *Discours sur le Cameroun*, Yaoundé, Presses de l'UCAC, 2017, p. 40.

[132] A. Mbembe, *Sortir de la grande nuit. Essai sur l'Afrique décolonisée*, Paris, La découverte, 2010. p. 26. C'est d'ailleurs le caractère ambigu de ces indépendances qui amène certains à préférer le vocable *néocolonial* à celui de *postcolonial* pour qualifier l'État africain.

[133] Towa, *Idée*, p. 52. L'expression est certainement reprise du *Discours sur le colonialisme* d'Aimé Césaire.

pouvoir. Comme écrit Jean-Godefroy Bidima, ils ont rompu le fil de la tradition de la palabre et ont, comme le colon, cultivé le secret comme mode favori d'exercice du pouvoir[134]. Et si en Afrique, de façon générale, nul ne désapprouve le chef, cela ne se justifie pas par une tradition africaine de la docilité, mais c'est à cause de l'éducation coloniale missionnaire qui, comme nous l'avons signalé plus haut, avait pour but de façonner au colonisé une âme d'esclave, c'est-à-dire, de détruire à la racine toute velléité de résistance, d'instiller la résignation et la soumission[135]. Cette éducation qui, par rétrojection, aboutit à l'occultation des aspects de notre tradition qui contredisent la théorie des pierres d'attente, a préparé le terrain à la personnification du pouvoir et au patrimonialisme qui règnent un peu partout et qui se traduisent par le pouvoir absolu de nomination. Comme les seigneurs du Moyen-Âge, la plupart de nos chefs d'État concentrent entre leurs mains toutes les ressources de l'État qu'ils donnent, par le biais du pouvoir absolu de nomination, à leurs amis, frères et alliés, pour s'assurer leur attachement, pour avoir avec eux les moyens de repousser toute atteinte aux privilèges acquis[136]. Ils sont des rois thaumaturges qui, par une simple signature, s'octroient des millions de francs ou réalisent les rêves de leurs proches. Dans un tel système, tout devient faveur, dont chacun est redevable aux dirigeants qui peuvent à tout moment vous en soustraire en vous précipitant dans le vide[137]. Voilà pourquoi, dans l'Afrique actuelle, nul ne désapprouve le chef, tous l'admirent.

---

[134] Le colon gardait secrètes ses véritables intentions.

[135] Marcien Towa, « Principes de l'éducation coloniale », *op.cit.*, p. 29.

[136] Fabien Eboussi Boulaga, *Les Conférences nationales. Une affaire à suivre*, Paris, Karthala, 1993, p. 54.

[137] *Ibid.*, p. 18.

2. De la démocratie comme réponse inévitable à l'aspiration des hommes à l'égalité et à la personnalité

La principale conséquence du patrimonialisme décrié plus haut est la corruption et la déchéance morale généralisée. Nos sociétés ne cultivent plus le mérite, ni le travail, ni le génie. Dans la plupart des pays africains, la promotion, source de pouvoir, de prestige, de richesse et de jouissance ostentatoire, n'est plus un mérite, mais une aubaine, une *chance* qui tombe d'en haut par *nomination*. Mais une chance qui n'arrive qu'à ceux qui s'y disposent, qui l'invoquent ; une chance qui passe nécessairement par les relations ou les *réseaux* sans lesquels on ne peut rien faire dans nos sociétés[138].

C'est ce système de réseaux qui explique le laxisme qui règne un peu partout, c'est-à-dire l'impossibilité de sanctionner les contrevenants à la réglementation. Ce qui justifie la dilapidation des fonds publics, les retards au travail et les absences prolongées ou systématiques, puisque chacun se sait *protégé* et peut se permettre, à son niveau, de reproduire le style de vie du chef suprême menant une vie dispendieuse et exempte de peine[139]. Ce qui explique aussi, la promotion du mensonge au rang de principe de gouvernement et l'exil volontaire ou forcé du génie qui ne connait ni la flagornerie, ni le principe d'autorité, ni la soumission abjecte[140]. Ainsi, à cause de l'autoritarisme,

---

[138]Fabien Eboussi Boulaga, *Les conférences nationales. Une affaire à suivre*, *op.cit.*, p. 54.

[139]Chez nous, a constaté le musicien Ndedi Eyango, « tout le monde est patron. Chacun se dit grand. Chacun arrive à son heure, fait ce qu'il veut, menace à son tour, travaille à sa guise, décide comme il veut. Quel remue-ménage ? »

[140] Dans *Les conférences nationales en Afrique noire*, Fabien Eboussi Boulaga nous rappelle que « c'est l'homme paresseux et lâche qui est à la fois cruel et capable d'une soumission abjecte », p. 57.

l'Afrique qui réclame à cor et à cri une meilleure répartition des bénéfices des progrès scientifiques réalisés dans le monde se distingue chez elle par le mépris du génie et de la créativité parce qu'elle favorise plutôt la flagornerie et la servilité. Ce qui a amené Axelle Kabou à soutenir que l'Afrique refuse le développement, car ce dernier, « même dans son acception minimale, est essentiellement le produit d'un tour d'esprit créatif opérant dans un contexte susceptible d'amplifier les résultats de l'inventivité, de l'ingéniosité, de l'emprunt à d'autres civilisations »[141]. Autrement dit, un pays qui veut se développer doit accorder une grande place à l'intelligence. Pour cela, il doit détecter les génies et promouvoir les valeurs de mérite et du travail.

C'est donc parce que Towa estime que la libération de l'Afrique du joug colonial passe par la promotion de l'intelligence qu'il se méfie de toutes les traditions qui n'accordent pas une place importante à la discussion critique. Fidèle à l'authentique sagesse africaine traditionnelle véhiculée par les cycles de Kulu-la-Tortue, Leuk-le-Lièvre et Guizo-L'Araignée, pour ne citer que ceux-là, Towa ne place rien au-dessus de l'intelligence, il pense surtout que nul n'en a le monopole et que les limites du savoir ne sont jamais atteintes[142]. Ce qui fait de lui un pourfendeur de l'autoritarisme, un défenseur de l'égalité de condition entre les hommes et de la démocratie qui en découle.

En fait, la démocratie est la conséquence de l'acceptation du principe de l'égalité essentielle de condition entre les hommes : « Si tous les hommes naissent et demeurent libres et égaux en droit (porteurs de droits égaux aux mêmes libertés fondamentales), il s'ensuit que tous les citoyens ont

---

[141] Axelle Kabou, *Et si l'Afrique refusait le développement ?* Paris, Harmattan, 1991, p. 24.
[142] *L'Idée*, p. 30.

au même titre le droit de concourir à la formation de la loi, personnellement ou par l'intermédiaire de représentants. L'ensemble des citoyens détient donc la souveraineté, personne ne pouvant exercer d'autorité qui n'émane expressément du souverain qu'est le peuple[143] ». L'égalité implique donc qu'il n'y en a pas qui sont nés pour gouverner, que les mêmes personnes peuvent être tour à tour sujet et gouvernant, car « personne ne détient le monopole de la perfection et de l'intelligence, personne, pas même Dieu[144] ». Bref, comme nous l'a enseigné Tocqueville, l'acceptation de l'égalité de condition entre les hommes impose la démocratie comme unique forme de gouvernement acceptable. En d'autres termes, une fois qu'on a admis l'égalité de condition entre les hommes, « vouloir arrêter la démocratie devient alors lutter contre Dieu même »[145].

Aussi, dire que les Africains n'aspirent pas à la démocratie c'est aussi admettre qu'ils n'aspirent pas à l'égalité et aux fonctions de commandement. Ce qui, non seulement, est démenti par la pléthore des candidats aux différentes élections qu'on organise sur le continent, mais est surtout une espèce d'anachronisme : en tant que peuples ayant vécu l'esclavage et vivant encore le racisme, les Africains devraient tendre vers l'égalité plus vite que tous les autres peuples, car ils revendiquent l'égalité de condition entre le Blanc et le Noir qui n'aurait aucun sens

---

143 Alain Renaut, *Qu'est-ce qu'une politique juste ? Essai sur la question du meilleur régime*, Paris, Grasset, 2004, p. 48.
144 Marcien Towa, *Idée*, p. 36.
145 Tocqueville, *De la démocratie en Amérique*, Paris, Flammarion, 1981, p. 61.

si elle n'implique pas automatiquement l'égalité de condition entre les noirs eux-mêmes[146].

En fait, l'aspiration des hommes à l'égalité et à la personnalité, écrit Raymond Aron dans *Les désillusions du progrès*, « naît avant que l'espèce ait les moyens de les satisfaire »[147]. Cette grande aventure humaine de la liberté, selon Lazare Marcelin Poame, n'est ni occidentale, ni asiatique, encore moins africaine : « il serait déraisonnable ou fou d'en faire l'apanage d'un groupe, d'une race[148] ». Il s'agit donc d'une aspiration commune aux hommes de tous les temps et de tous les peuples qui rend inévitable la marche des sociétés vers la démocratie ou la fin du système des privilèges. Aussi, les dirigeants africains, comme la noblesse du temps de Tocqueville, doivent se résigner à la démocratie comme devant une loi de la nature. En d'autres termes, au lieu d'instaurer des simulacres de démocratie partout, c'est-à-dire « des régimes *démocratiques* où un seul est libre et décide de tout selon son bon plaisir, des régimes où règne la *liberté,* mais sans possibilité de contestation, etc.[149] », ils doivent répondre à l'aspiration des peuples à plus de dignité et de justice en acceptant pleinement le principe de l'égalité essentielle des conditions entre les hommes qui a comme corollaires la libération de la parole et la participation du citoyen à la prise de décision engageant la société, la transparence dans la

---

[146] Ce n'est peut-être pas la revendication de l'égalité essentielle de condition entre le Blanc et le Noir qui a nourri les luttes d'indépendance ?

[147] Raymond Aron, *Les désillusions du progrès. Essai sur la dialectique de la modernité*, Paris, Gallimard, 1969, *p.* 15.

[148] Lazare Poame, « Système technicien, Mondialisation et Démocratie en Afrique », Séminaire virtuel de philosophie du droit, Université virtuelle francophone, www.uvf.org, p. 13.

[149] Marcien Towa, *Essai sur la problématique philosophique dans l'Afrique actuelle*, p. 55.

gestion des affaires publiques[150], l'alternance au sommet et la séparation des pouvoirs – la substitution des institutions fortes aux hommes forts – sans lesquelles la démocratie reste illusoire. Pour mieux rendre cette urgence, Tocqueville compare l'aspiration des peuples à la démocratie à l'éducation d'un enfant. S'il est privé de soins paternels et grandit tout seul dans la rue, il devient dangereux pour la société. De la même manière, lorsqu'on s'oppose à l'aspiration des peuples à la liberté politique, elle grandit alors toute seule, comme ces enfants de rue, et devient explosive. Comme dans de nombreux pays africains où l'aspiration légitime de certains citoyens à l'exercice des fonctions de commandement[151] débouche souvent sur la violence à cause de l'autoritarisme qui règne partout malgré l'ouverture démocratique proclamée.

Naturellement, Towa n'ignore ni la critique hégélienne de la démocratie quant à son incapacité à traduire le rationnel en soi ni la critique marxiste qui reproche à la démocratie libérale son caractère purement formel. Selon la critique hégélienne, l'octroi généralisé de la liberté politique pourrait entraver la liberté de l'élite, appauvrir la vie publique et devenir un élément déstabilisateur des pays africains. Malheureusement, c'est ainsi que pensèrent les nouveaux maîtres de l'Afrique, ceux qui prirent le pouvoir au lendemain des *indépendances*. Sous le prétexte que le multipartisme débouche sur le régionalisme et épouse le particularisme ethnique tandis que le monopartisme, pour

[150] Surtout dans un monde comme le nôtre où les technologies de l'information et de la communication assurent la diffusion planétaire des exactions commises par les gouvernants.

[151] C'est Raymond Aron qui, dans son *Introdution à la philosophie politique*, définit la démocratie comme « l'organisation de la concurrence pacifique en vue de l'exercice du pouvoir », Paris, Édition de Fallois, 1997, p. 36. Pour Marcien Towa, elle est le régime où les citoyens ont les mêmes droits et les mêmes chances d'accéder à la fortune, *Identité et transcendance*, p. 59.

ne pas dire la dictature du parti unique, est seul à même d'apporter l'intégration nationale et la prospérité économique, ils décidèrent de plomber « le multipartisme des débuts »[152]. Mais le parti unique n'a permis ni l'émergence d'une élite nationale responsable ni l'unité nationale. Au contraire, comme constate Njoh Mouelle avec tristesse dans un récent ouvrage, « le sentiment d'appartenance à une tribu demeure à fleur de peau chez la grande majorité des Camerounais, toutes générations vivantes confondues[153] ». On pourrait donc résumer en trois points la réponse à la question de savoir s'il est raisonnable ou non de mettre connaissance et ignorance sur le même plan, c'est-à-dire de conférer une égale liberté politique à l'élite et à la masse.

Premièrement, nous reconnaissons que si nous voulons un régime parfait et fort, si nous voulons donner à l'État la capacité d'agir et de pallier les limites inhérentes à la démocratie, même là où elle fonctionne bien, il faut donner à un homme ou à un groupe d'hommes un pouvoir absolu. Seulement, ces griefs qu'on fait même à une démocratie qui fonctionne bien[154] constituent aussi des mécanismes de limitation du pouvoir qui trouvent leur fondement dans l'imperfection de la nature humaine et sont fondés sur une proposition simple : « il est dangereux de donner à quelques hommes trop de pouvoir, car normalement ils en abusent. Car le pouvoir corrompt toujours et le pouvoir absolu

[152]Hebga, *Afrique de la foi Afrique de la Raison*, Paris, Karthala, 1995, p. 14.
[153] E. Njoh Mouelle, *Discours sur le Cameroun. Réflexions sur les réalités et les potentialités camerounaises*, Yaoudé, Presses de l'UCAC, 2017, p. 37.
[154] Par exemple la lenteur dans la prise des décisions et dans la mise en place des réformes sur lesquelles tout le monde est pourtant d'accord.

corrompt absolument »[155]. Autrement dit, selon la théorie platonicienne, reprise par Marcien Towa, le gouvernement d'un seul, quand bien même il serait le plus éclairé, échappe difficilement à la dérive autoritariste et aux injustices sociales. C'est ce triste constat qui, selon Marcien Towa, amena Platon, dans *Les Lois*, à renoncer à l'idéal du philosophe-roi prôné dans la République : « aucun homme ne peut, de par sa nature, régler en maître absolu toutes les affaires humaines sans se gonfler de démesure et d'injustice[156] ». Aussi, commente Towa, ce n'est pas à un homme éclairé que doit revenir le pouvoir absolu sur la Cité, mais à la loi. Car, quelle que soit sa valeur intellectuelle et morale, il n'est pas un pur esprit, mais un homme de chair et de sang. « Et, comme telle, la raison en lui n'est pas à l'abri des débordements de la passion qui engendrent la démesure et l'injustice[157] ». C'est la raison pour laquelle, renchérit Raymond Aron, « une bonne monarchie, une bonne aristocratie, n'existe à peu près jamais »[158]. Et ce n'est pas la chronique des injustices sociales rapportée plus haut qui va le démentir.

En outre, et c'est le deuxième point, il n'existe de nos jours aucune machine capable de choisir sans risque d'erreur les plus dignes ou les plus capables de commander[159]. D'où l'obligation, surtout dans nos « sociétés marquées par l'incivisme des élites, la falsification de toutes les institutions

---

[155] Aron, *Introduction à la philosophie politique. Démocratie et révolution*, Paris, Fallois, 1997, pp. 209-210.
[156] Platon, *Les Lois*, IV, 713c, Paris, Belles Lettres, 1951, cité par M. Towa, *Identité et transcendance*, p. 165.
[157] *Ibid.*, p. 166.
[158] R. Aron, *Introduction à la philosophie politique. Démocratie et révolution*, p.136.
[159] « Nulle machine ne choisit sans risque d'erreur les plus dignes ou les plus capables de commander », écrit Aron dans *Les désillusions du progrès*, p. 68.

et la profanation de toutes les valeurs »[160], de recourir au suffrage universel pour désigner ceux qui doivent exercer les fonctions de commandement. Et si dans la plupart des pays du tiers-monde, la compétition électorale débouche le plus souvent sur une instabilité permanente voire sur la dissolution de l'unité politique elle-même, cela ne doit être perçu ni comme une limite en quelque sorte inhérente à la démocratie elle-même ni comme le fait d'une impréparation de la masse, mais doit être mis à l'actif du conservatisme des ploutocraties ou des vieilles classes dirigeantes. Car, en réalité, c'est lorsque se trouve dans un pays une catégorie importante de personnes mécontentes du régime et convaincues qu'ils ne peuvent plus rien attendre du système électoral parce que ceux chargés d'organiser les élections sont manipulés par les privilégiés non progressistes ou parce que des fondés de pouvoir indigènes se servent de la forme démocratique pour établir un régime strictement conservateur, que les virtualités révolutionnaires et les rébellions font surface. Ainsi, le recours à la démocratie proprement dite, celle qui ne se limite pas à la forme – organisation des élections à des coûts faramineux – mais qui comporte une réelle séparation des pouvoirs, doit être perçu non pas comme un risque de déstabilisation des pays africains, mais plutôt comme un moyen d'empêcher que les rivalités entre les *élites* tournent en violence, et que certains soient obligés, pour réaliser leurs ambitions légitimes, de recourir à la force, au coup d'État, à la violence. De ce point de vue, la démocratie empêche l'arrivée au pouvoir, par coup d'État, des gens sans foi ni loi. Mais surtout, elle est

[160] « Notre population jeune, écrit Eboussi Boulaga, sans les dernières inhibitions de la tradition ancestrale, est le fruit d'une société marquée par l'incivisme des élites, la falsification de toutes les institutions et la profanation de toutes les valeurs. Ces jeunes ont appris que la manipulation, l'intimidation, sont les armes des forts : elles permettent les passe-droits, les prébendes, la bonne vie et les honneurs », *Lignes de résistance*, p. 50.

« l'apaisement ou le refroidissement, si l'on peut dire, de l'ardeur révolutionnaire »[161], c'est-à-dire le gage de la stabilité, de la paix, et de la prospérité.

Mais la plus sévère des critiques faites à la démocratie est celle de Karl Marx qui lui reproche son caractère abstrait ou incomplet, c'est-à-dire l'opposition entre le formel et le réel. L'homme, rappelle Marx, ne vit pas dans l'abstrait, mais comme membre de la société civile, c'est-à-dire comme travailleur. Cette situation concrète contraste avec les principes formels de liberté et d'égalité posés par la démocratie. Car, en tant que travailleurs, les hommes ne sont ni libres ni égaux ; ils ont donc une idée d'eux-mêmes qu'ils ne réalisent pas. En d'autres termes, pour que les hommes vivent suivant l'idée qu'ils ont d'eux-mêmes – libres et égaux –, pour qu'ils se gouvernent eux-mêmes, il faut abolir la propriété privée des moyens de production. Car, dans une société fondée sur le mode de production capitaliste, les hommes restent, certes, égaux dans l'acte de voter, mais inégaux dans la capacité de défendre leurs candidats et leurs aspirations à cause de la grande disparité des richesses qui transforme l'État en un instrument dont la bourgeoisie se sert pour faire passer ses intérêts pour la volonté générale[162]. En bon marxiste, Marcien Towa ne saurait ignorer cette critique. Sa philosophie étant une contribution de la pensée à la lutte pour la libération de l'Afrique qu'il considère comme étant « dans son ensemble sous le contrôle d'un système mondial de domination et d'exploitation[163] », il ne saurait considérer la démocratie libérale comme la fin de l'histoire ou le point culminant de la grande aventure humaine de la liberté en raison de ses connivences avec l'économie libérale. Il sait très bien que les grandes multinationales qui financent les

---

[161] Raymond Aron, *Introduction à la philosophie politique*, p. 204.
[162] Marx - Engels, *L'idéologie allemande*, Paris, Éditions Sociales, 1968, pp. 105-106.
[163] Towa, *L'Idée*, p. 51.

campagnes et soutiennent les gouvernements ne le font pas au nom de la liberté et des droits de l'homme. Tout porte donc à croire que la démocratie que Towa réclame ne serait pas réductible à l'alternance qui est parfois l'alibi dont se sert le grand capital international pour renverser les gouvernements qui s'opposent à ses intérêts. Mais fidèle à l'antique sagesse africaine et bon marxiste, il s'oppose à l'autoritarisme qui est un obstacle à l'éclosion de l'intelligence et de la créativité nécessaires pour notre libération ; il préfère la loi à la raison et à la vertu d'un individu « parce qu'elle garantit mieux l'objectivité et l'impartialité, c'est-à-dire la justice[164] » ; il milite donc, par conséquent, pour la séparation des pouvoirs, car, pour se rassurer de l'objectivité de la loi, ajoute-t-il reprenant Montesquieu, « celui qui la pose sera différent de celui qui la met en œuvre[165] ».

Bref, dans *L'idée d'une philosophie négro-africaine*, Marcien Towa nous rappelle que la vie est un combat, dont ne sort victorieux que celui qui fait bon usage de son intelligence. Notre combat pour la libération du joug colonial ne saurait déroger à cette règle. Si la libération est notre but, alors nous ne devons admettre comme autorité absolue que la raison. Ce qui nous oblige à rompre avec toute forme d'autoritarisme et à renouer avec la tradition de la palabre. La démocratie que réclame Towa n'est donc pas libérale. Elle se rapproche beaucoup plus de la tradition de la palabre ou, si l'on veut, du modèle habermarsien qui insiste sur la création des conditions de communication pouvant permettre au processus politique d'avoir plus de chance de générer des résultats raisonnables parce qu'il s'effectuera alors, dans toute son étendue, sur le mode délibératif.

---

[164] *Identité et transcendance*, p. 166.
[165] *Ibid.*, p. 166.

III. Progrès scientifique et autonomie des peuples

1. De la non-occidentalité exclusive de la science

Dans son *Histoire de la pensée africaine*, M. Towa, nous rappelle que nous n'avons pas accueilli les Européens en sauveurs, en civilisateurs. Nous avons bien vu en eux des envahisseurs. Malheureusement, « ils nous ont vaincus militairement, il ne faut jamais l'oublier[166] ». Ce qui revient à dire que nous ne devons pas seulement présenter la colonisation comme le crime contre notre humanité commis par l'autre en raison de son insatiable désir de posséder. Ce serait avoir une vision morale de l'histoire qui est naïve. Nous devons aussi, et surtout la présenter comme l'échec de notre culture, car nous avons été domptés, vaincus. Notre monde ancien qui reposait sur le mode de production agropastoral et sur un savoir de type routinier – la connaissance des saisons – n'a pas pu supporter le choc du monde européen fondé sur le mode de production industrielle et sur un savoir de type scientifique. C'est la raison pour laquelle Marcien Towa situe l'émergence de l'Afrique dans le passage du mode de production agropastoral au mode de production industrielle : « un pays est développé s'il maîtrise la civilisation industrielle définie dans ses trois dimensions, scientifique, technologique et managériale. Il est sous-développé dans le cas contraire : pas de science, pas de technologie, pas de management, pas de recherche ou si peu, mépris et marginalisation des savants, des techniciens, et des intellectuels en général… [167]».

---

[166] M. Towa, *Histoire de la pensée africaine*, p. 48.

[167] Marcien Towa, *Valeurs culturelles et développement*, exposé présenté au Séminaire *de* lutte contre la pauvreté, Elig-Mfomo, le 12/07/2000 ? Suivi de « La preuve par le comportement »,

Les pays industrialisés, explique Towa, sont des pays dans lesquels le machinisme de pointe est omniprésent. Or, ce machinisme est basé sur la science et est constamment renouvelé par les progrès impulsés par la recherche scientifique. De sorte qu'on peut dire que c'est la science, en lien étroit avec la technique – la technoscience – qui constitue le moteur de la civilisation industrielle. Autrement dit, lorsqu'on connait les lois de fonctionnement des choses qui nous entourent, alors on les maîtrise, on peut même les modifier pour les rendre plus utiles à nos fins. L'école du réalisme à laquelle Marcien Towa nous invite à nous inscrire consisterait donc à prendre acte du fait que c'est la science, dans sa conception moderne, qui confère le plus grand des pouvoirs à l'homme et nous investir nous aussi dans la recherche scientifique. Est-ce l'acception d'une vision unilinéaire de l'histoire ? Ne devrions-nous pas, au nom des effets et possibles dérives de la technoscience – ou de la *technodémence* selon Pius Ondoua – renoncer à la mondialisation capitaliste et à l'universel technique et démocratique pour sauver nos particularismes culturels et espérer apporter un supplément d'âme à notre monde ?

En fait, nombreux sont les penseurs africains qui « éprouvent de la répulsion contre la rationalité technoscientifique, symbole à leurs yeux de la toute-puissance de l'Occident. Pour Pius Ondoua par exemple [écrit Kouamé Yao], la rationalité technoscientifique étant domination de la nature et domination/oppression de l'homme, en en usant comme moyen de leur développement, les états africains ne feront que consacrer et perpétuer leur domination par l'Occident. Par conséquent, vouloir réaliser la libération, l'émergence et la puissance de l'Afrique au moyen de la technoscience est à

Communication à la réunion d'experts de Libreville, 18-22 novembre 1985, AMA-CENC 2001, p. 12.

la fois illusoire et aventureux[168] ». Face au phénomène de la mondialisation et notamment de la mondialisation technoscientifique, l'Afrique, selon ce chercheur ivoirien, se trouve à la croisée des chemins : elle doit choisir entre la déconnexion ou marginalisation et l'implication. Mais, selon Daryush Shayegan, la déconnexion serait une voie suicidaire. Dans un article consacré à l'œuvre très célèbre de Samuel Huntington intitulée *The clash of civilizations* (1993), il nous rappelle que de nos jours, à cause de la modernité mise en branle par la Révolution industrielle survenue dans l'aire de la culture européenne et de la mondialisation, « une civilisation pure, dont les membres seraient organiquement liés en un tout indissociable, est une pure fiction[169] ». Car, la mondialisation est un formidable mouvement d'expansion qui, aidé par la déréglementation des marchés et les progrès prodigieux des technologies de transport et de communication, abaisse les frontières, favorise la libre circulation des biens et des personnes, bouscule les allégeances civiques et nationales, brouille les identités culturelles, favorise de multiples solidarités porteuses d'identités de substitution[170]. Certes, le triomphe de la communication, dans une certaine mesure, accélère aussi une prise de conscience de l'altérité qui se traduit souvent par des réactions radicales. Mais, en réalité, martèle l'auteur, la mondialisation est une marée montante à laquelle aucune civilisation ne peut échapper ni résister.

[168] Kouamé Yao, « Émergence des États postcoloniaux d'Afrique : Contre ou par-delà la rationalité technoscientifique ? », in Revue Ivoirienne de Philosophie et de Sciences humaines, http//perspectivesphilosopiques.net, p. 240. Le texte de Pius exploité ici est sa Thèse d'Etat en Philosophie, *Positivité scientifique et positivisme idéologique. Une analyse épistémo-politique du fétichisme de la science*, Toulouse-le-Mirail, 1989, p. 393.

[169]Daryush Shayegan, « Le choc des civilisations », in *Esprit*, avril 1996, Paris, Seuil, P. 41.

[170] *Ibid.*, p. 41.

Elle a transformé le monde en un grand théâtre de compétitions dans lequel, pour survivre, les peuples « n'ont pas d'autre choix que de se moderniser[171] ». En d'autres termes, conclut Shayegan, toutes les civilisations, à l'exception de quelques-unes – la Chine et l'Inde par exemple – qui ont parfaitement assimilé les temps nouveaux, « se trouvent aujourd'hui dans l'entre-deux, c'est-à-dire entre le *pas encore* et le *plus jamais*, entre une modernité qui s'installe, mais n'est pas tout à fait assimilée et une tradition qui s'effondre et qui ne se renouvellera plus jamais sous sa forme originelle[172] ».

Cette analyse de Daryush Shayegan est entièrement partagée par Lazare Marcellin Poame qui estime que la solution de la déconnexion – retour aux sources – ou du refus de la civilisation technoscientifique, sous le prétexte de préserver son essence intime, condamnerait l'Afrique à rester éternellement le marchepied des autres, car en refusant de s'intégrer au processus de la mondialisation en cours, elle ne peut pas se soustraire de ses effets[173]. Mais, pour Marcien Towa il serait même erroné de considérer la science comme la culture des autres. Dans son *Histoire de la pensée africaine* il se dédouane de tout soupçon d'autodénigrement en ces termes : « il n'est pas exact que les Africains sont inaptes à la technique comme le pensait Senghor. À mon avis, ce n'est pas vrai. Il y avait des tas de choses que les Africains faisaient avant l'arrivée des Européens. On travaillait les métaux, on fabriquait des instruments…[174] » La civilisation égyptienne, rappelle-t-il fort opportunément, est « une des plus grandes civilisations de l'histoire universelle, celle qui a duré le plus longtemps

---

[171] *Ibid.*, p. 43.
[172] *Ibid.*, p. 43
[173] Lazare Marcellin Poame, « Système technicien, mondialisation et démocratie en Afrique », *op.cit.*, p. 10.
[174] M, Towa, *Histoire de la pensée africaine*, p. 46.

dans l'histoire universelle[175] ». Sa contribution à la science universelle est considérable dans la mesure où « l'Égypte ancienne était, pour les Grecs, ce que l'Europe occidentale est actuellement pour les pays sous-développés. Lorsqu'un Grec avait étudié une discipline, il se rendait en Égypte pour se perfectionner et acquérir l'autorité intellectuelle (...). C'est pour cela que pratiquement tous les savants Grecs ont dans leur biographie l'épisode du voyage égyptien (...). Même ceux qui n'avaient pas été en Égypte inventaient cet épisode pour se glorifier du niveau de leur science. Ceci est un fait qui a été reconnu par les Grecs eux-mêmes. Et ce ne sont que les Européens modernes qui nient ces données-là[176] ». Et, s'ils nient ces données, c'est parce que cette Égypte, d'après les conclusions des travaux de Cheikh Anta Diop auxquelles Towa adhère complètement, était peuplée de Noirs, alors que l'Europe est essentiellement raciste depuis la traite des Noirs. Ce qui contredit l'idée senghorienne de l'existence d'une âme nègre immuable caractérisée essentiellement par la communion avec les objets et la religiosité, c'est-à-dire, en opposition radicale avec la modernité scientifique, technique et industrielle. Une telle idée serait sans doute à inscrire dans le registre de la *rétrojection*, dénoncée plus haut, qui visait à occulter tous les aspects de notre tradition culturelle qui contredisent la théorie des pierres d'attente.

En fait, dans *Valeurs culturelles et développement*, Marcien Towa démontre que vouloir passer du mode de production agropastoral au mode de production industrielle ne signifie pas vouloir s'occidentaliser, car « malgré leur liaison historique, civilisation industrielle et culture occidentale ne sont pas à confondre. Elles ne forment pas

---

175 Quatre ou cinq millénaires, tandis que celle dont se réclame l'Occident, si nous la datons de la Grèce, n'a que deux millénaires et demi, Marcien Towa, *Histoire de la pensée africaine*, p. 80.

176 *Ibid.* p. 17.

un tout massif à prendre ou à laisser en bloc. Car, la civilisation industrielle a émergé en s'opposant à des valeurs centrales de la culture européenne constituée, dont une certaine version du christianisme, l'absolutisme métaphysique et politique, la hiérarchie féodale, etc.[177] ». Même l'Europe a donc dû se révolutionner pour accéder à la civilisation industrielle. Les principaux artisans de cette rupture avec le passé furent Galilée, F. Bacon et R. Descartes : « Leurs vues différaient sur bien des points ; mais tous s'accordaient à utiliser la science pour dompter la nature et mettre sa puissance au service du bien-être de l'homme[178] ». Et, selon Njoh Mouelle, « cette idée de Bacon et de Descartes de mettre la connaissance au service de la conquête et de la domination de la nature, autrement dit d'utiliser la connaissance et la science pour l'amélioration des conditions de vie de l'homme était une idée révolutionnaire en son temps[179] ». Car, si de l'Antiquité grecque jusqu'au Moyen-Âge on considérait la connaissance comme la plus grande valeur de la vie, cette connaissance était beaucoup plus contemplative et discursive. En outre, le privilège de se livrer à la recherche de cette connaissance était réservé aux seuls hommes libres qui apprenaient avant tout à raisonner, à discourir et à gouverner, et non à travailler et à produire. Ils traitaient avec condescendance tout ce qui était technique et pratique. Ils vouaient un profond mépris au travail productif, lot d'une classe méprisée.

---

[177] Marcien Towa, *Valeurs culturelles et développement*, exposé présenté au Séminaire *de* lutte contre la pauvreté, Elig-Mfomo, le 12/07/2000 ? Suivi de « La preuve par le comportement », Communication à la réunion d'experts de Libreville, 18-22 novembre 1985, AMA-CENC 2001. p. 21.

[178] M, Towa, *Essai*, p. 57.

[179] Njoh Mouelle, *La philosophie, l'action et la politique*, Presses de l'Université Catholique d'Afrique centrale, Yaoundé, 2017, p. 16.

Ainsi, « quiconque aujourd'hui aborde de façon sérieuse la question du rapport de l'universel technique et démocratique aux particularismes culturels doit se convaincre de l'idée que la technique moderne et la démocratie, bien qu'ayant leur aire d'origine et de développement en Europe, ne sont pas l'apanage de l'Occident qui pour l'instant est tout simplement le continent qui entretient avec elles un rapport privilégié[180]. En d'autres termes, la connaissance scientifique n'est pas le privilège d'une race ou d'une culture donnée, mais plutôt « un privilège anthropologique qui s'obtient par un travail de la culture sur soi-même[181] », un privilège qui est donc à notre portée comme à la portée de tous les peuples. À condition, naturellement, que nous acceptions de nous moderniser, c'est-à-dire de normaliser notre rapport avec notre passé, de nous défaire, par exemple, de notre conception du temps qui méprise les notions de retard et d'avance et de notre relation à la nature qui est une relation de piété et de vénération.

Dans les sociétés traditionnelles africaines, rapporte Poame, la relation de l'homme au temps est vécue en dehors de toute dimension économico-centrique et quantitativiste. Il ne l'appréhende ni en termes de gain ni comme une donnée quantifiable. Le temps ici n'est pas une chose à gagner ou à perdre, encore moins une succession d'instants précis. « D'où l'ignorance chez l'Africain authentique de la notion de productivité et son mépris pour les considérations attachées aux notions de retard et d'avance[182] ». En ce qui concerne la relation à la nature, toujours selon Poame, elle est dominée par la piété qui implique une attitude religieuse.

---

[180] Lazare Marcellin Poame, « Les ipséités culturelles face à la dynamique universaliste du phénomène technique et de la démocratie », *op.cit.*, p. 338.
[181] *Ibid.*, p. 338.
[182] *Ibid.*, p. 332.

Et, parce qu'être religieux, d'après l'étymologie latine *religare*, signifie être lié ou relié, on peut dire que l'Africain est traditionnellement lié à la nature par une relation marquée d'un profond respect. « Il éprouve du respect à l'égard de la nature dans laquelle il discerne une unité vivante (…), voire une force incommensurable et suprahumaine assurant la médiation entre le terrestre et le céleste. Perçue comme telle [conclut Poame], la nature appelle vénération et piété. Or, dans la vénération et la piété, on se soumet, on contemple[183] ». Aussi, si l'Africain veut entrer dans le mouvement de la modernité et bénéficier des fruits de la recherche scientifique qui, selon Lazare Poame, constitue un patrimoine commun de l'humanité que chaque peuple peut mordre à belles dents, il doit, comme ont dû le faire les Européens pour sortir de leur Moyen-Âge, se défaire de certains éléments morts de sa culture comme cette conception du temps et cette relation à la nature.

2. De l'égalité approximative de puissance comme condition d'une cohabitation pacifique entre les peuples

Si même en Occident l'avènement de la civilisation industrielle a été précédé et accompagné par des remises en cause radicales, cela revient à dire que vouloir passer du mode de production agropastoral au mode de production industrielle ne signifie pas s'occidentaliser, mais accepter de se révolutionner et d'adopter le secret de la domination de l'homme sur le monde, le secret de la puissance et de l'autonomie. En d'autres termes, si nous concevons que ce qui constitue notre dessein c'est notre liberté, « c'est-à-dire une Afrique autocentrée et puissante, ayant en elle-même le centre de conception et de décision pour toutes les sphères

[183] *Ibid.*, p. 333.

de son existence[184] », nous devons, nous aussi, nous investir dans la recherche scientifique. Car « si nous ne nous approprions pas le principe de la puissance européenne, si nous ne devenons pas puissants comme l'Europe, jamais nous ne pourrions sérieusement secouer le joug de l'impérialisme européen[185] ».

Contre ceux qui estiment que l'Africain, essentiellement religieux et spirituel, préfère ses valeurs traditionnelles au bien-être matériel que lui apporterait la civilisation technoscientifique Towa s'interroge : « En quoi peut bien consister l'antimatérialisme de ceux qui sont prêts à tout sacrifier, y compris leur conscience et leur âme pour les biens matériels ? (…), Était-ce l'esprit qui poussait les rois nègres à vendre leurs frères aux négriers pour un peu d'eau-de-vie ou quelques mètres de tissus ? Et les millions de soldats africains qui, à travers le continent, ont aidé et aident les colonialistes et les racistes à massacrer leurs frères, est-ce pour l'amour de l'esprit ? Et le néocolonialisme lui-même ne repose-t-il pas essentiellement sur la corruption et notre avidité sans borne pour les produits de cette civilisation technoscientifique si critiquée, du bout des lèvres ?[186] » Par ces interrogations, Towa dénonce l'hypocrisie de l'intellectuel africain. Dans ses publications d'universitaire et dans ses allégations publiques il est *Africain* et s'en prend au matérialisme de la civilisation industrielle de l'Occident qui aurait besoin d'un supplément d'âme. Mais, dans sa vie concrète, il est cet arriviste qui veut les postes, les grosses voitures, les comptes en banque pour envoyer ses enfants étudier en France, au Canada ou aux États unis. Comme dirait Njoh Mouelle, il appartient à cette élite fanfaronne, tellement occidentalisée que pour vendre ses œufs ou ses poulets camerounais à Douala ou à

---

[184]M. Towa, *Essai*, p. 56.
[185] *Ibid.*, p. 55.
[186] *Idée d'une philosophie négro-africaine*, p. 55.

Yaoundé le commerçant se sent obligé d'y coller des étiquettes indiquant : *œufs de France*, *poulets de Normandie,* etc.[187]. « Au lieu donc de sombrer dans la corruption pour pouvoir acquérir les produits industriels, au lieu de demander aux puissances industrielles assistants techniques, armes et instructeurs militaires [...], il est permis de penser [écrit Towa], qu'il serait plus spirituel de devenir nous-mêmes techniciens afin de produire nous-mêmes, en abondance, les biens matériels dont nous ne pouvons-nous passer[188] ».

Plus donc qu'un hymne à l'assimilation, il conviendrait plutôt de reconnaître avec Charles Romain Mbele que Marcien Towa confère une valeur morale élevée à la puissance matérielle : « Seule l'égalité approximative de puissance matérielle peut garantir l'automouvement conscient des peuples en même temps que la liberté dans le choix des traditions (...), sa généralisation peut donc être un gage de paix et de fraternité en empêchant que ceux qui disposent d'une supériorité physique soient tentés d'en abuser pour dominer et exploiter les plus faibles[189] ». En d'autres termes, l'équilibre de la terreur, selon Mbelle, serait le seul véritable gage de l'autonomie des peuples et de la paix mondiale. N'est-ce pas ce que l'actualité nous enseigne ? Un président américain pouvait-il songer à organiser un sommet États-Unis – Corée du Nord si cette dernière ne s'était montrée apte à déporter la terreur au cœur des USA ?

En fait, soutient Marcien Towa, « ce que Marx dit des classes sociales s'applique entièrement aux rapports entre

---

[187] NJoh Mouelle, *De la médiocrité à l'excellence*, Yaoundé, CLE, 2011, p. 44.
[188] Towa, *Idée*, p. 56.
[189] Charles Romain Mbelle, « Marcien Towa : l'idée de l'Europe et nous », *Philosophes du Cameroun*, Presses Universitaires de Yaoundé, 2006, p. 153.

les peuples[190] ». Tout comme dans toute société la classe qui dispose des moyens de la production matérielle dispose du même coup des moyens de la production intellectuelle ou spirituelle, de la même manière c'est le peuple le plus puissant qui impose ses vues et sa culture aux autres. En d'autres termes, pour être soi-même, c'est-à-dire culturellement autonome, il faut d'abord être puissant, c'est-à-dire disposer de la connaissance scientifique qui, écrit Towa, « fournit des moyens de domination ou de libération autrement plus sûrs que nos soi-disant pouvoirs surnaturels »[191]. Aussi, affirme-t-il qu'« aucun développement culturel d'envergure ne sera possible en Afrique avant qu'elle n'édifie une puissance matérielle capable de garantir sa souveraineté et son pouvoir de décision[192] ».

Dans son *Essai sur la problématique philosophique dans l'Afrique actuelle*, Marcien Towa rappelle qu'avant les indépendances, la Négritude – voir le *Discours sur le colonialisme* d'Aimé Césaire – s'efforçait de montrer aux Européens de bonne volonté que l'intérêt bien compris de l'Occident exigeait l'abolition du système colonial, que la civilisation occidentale avait besoin d'un supplément d'âme que ne pouvait lui apporter que les traditions africaines dépositaires de quelque chose d'essentiel et d'irremplaçable. Malheureusement, constate Towa, ce quelque chose, d'essentiel et d'irremplaçable dont nous nous disions détenteurs et que nous promettions de pouvoir apporter au monde si nous étions nous-mêmes, est toujours attendu. Nous avons, formellement, acquis le droit à l'initiative avec les indépendances. Mais le temps passe et nous ne parvenons pas à faire découvrir au monde la richesse et la splendeur de nos cultures qui restent

[190] *Essai*, p. 50.
[191] Towa, *L'Idée*, p. 58.
[192] *Essai*, 51.

méconnues et méprisées. Pire encore, non seulement, nous ne parvenons pas à orienter l'attention du monde vers nos cultures, comme fait la Chine dont la langue, les religions traditionnelles et les habitudes alimentaires se propagent progressivement, nous assistons impuissants à l'effondrement de nos repères traditionnels sous l'effet de l'explosion des techniques de l'information et de la communication qui exportent chez nous de nouveaux modèles et les imposent à la jeunesse. Ce qui confirme très bien la thèse marxiste reprise par Towa selon laquelle la puissance est la condition de l'autonomie ou de l'authenticité culturelle.

Puisque c'est la connaissance scientifique qui confère le maximum de puissance à l'homme, nous devons donc admettre que c'est elle, et non le traditionalisme, qui constitue l'allié le plus redoutable avec lequel il faut composer. Doit-on comprendre cela comme une tentative de réduire le rationnel à l'expérimental au mépris de toute problématique du sens, des valeurs et des fins ? Cette inquiétude de Pius Ondoua qui nous invite à réfléchir sur « les effets ambivalents, arraisonnants et possiblement nécrogénétiques[193] » des technosciences, plutôt que de les défendre et de les célébrer unilatéralement, a toute sa pertinence à un moment où la problématique du développement durable domine la conscience de l'humanité sommée à ne plus hypothéquer l'avenir des générations futures[194]. L'œuvre de Marcien Towa est tellement pauvre en réflexions éthiques sur les effets négatifs et les possibles dérives des technosciences qu'elle peut être assimilée à une espèce de positivisme suranné. Néanmoins, on y dénote également un rapport entre la science et la politique qui pourrait pallier un tel vide : « La science, écrit Towa, se

---

[193] Pius Ondoua, *Un monde différent ! Défi du présent, utopie créatrice de l'avenir*, *op.cit.*, p. 210.

[194] *Ibid.*, p. 210.

caractérise par la spécialisation étroite, le souci de neutralité éthique et idéologique et l'exigence d'une vérification plus rigoureuse. Aussi, du fait de sa spécialisation étriquée, le scientifique se prive du droit de se prononcer sur les fins absolues de la société et laisse les mains libres aux politiciens de se prononcer sur l'absolu, sur la direction que la société doit prendre et les normes qu'elle doit adopter à cet effet. Car pour se prononcer dans ces domaines il faut une vue générale que le scientifique n'a pas du fait de sa spécialisation étriquée[195] ». Cette affirmation de *L'idée d'une philosophie négro-africaine* nous autorise à penser que la réponse de Towa aux inquiétudes de Pius Ondoua pourrait être considérée comme une réplique de celle que propose Raymond Aron dans son introduction à l'œuvre de Max Weber intitulée justement *Le savant et le politique*. Si la science s'accompagne nécessairement d'un certain nombre de remises en question de par la discutabilité et la vérifiabilité qui la caractérise, elle n'est pas pour autant à craindre, car elle n'est pas autonome par rapport aux déterminants sociaux. Elle ne nous exempte pas de la liberté de choisir. Elle n'est qu'un instrument entre les mains du politique, c'est-à-dire de la communauté à laquelle il revient de donner des orientations au travail des chercheurs. C'est elle qui permet au politique d'assurer la sécurité sous toutes ses formes. C'est aussi elle qui lui permet de défendre convenablement l'intégrité du territoire ainsi que la vie des personnes et leurs biens. C'est enfin elle qui permet de préserver l'environnement et toutes les autres valeurs, de telle sorte qu'on peut bien admettre que ce à quoi elle nous oblige à renoncer – la mentalité superstitieuse, la complaisance avec l'à-peu-près – n'est qu'accidentel par rapport à l'essentiel – notre liberté et notre dignité – qu'elle garantit.

[195] *L'Idée*, p. 12.

IV. L'épineuse question de l'éducation

1. De la perfectibilité humaine comme fondement de l'éducation et de l'optimisme de Marcien Towa

L'étymologie, affirme Olivier Reboul, « est toujours dangereuse[196] ». *Éduquer* en fait, vient d'*educare* – et non d'*educere*, c'est-à-dire faire sortir, mettre dehors – « qui signifie élever les animaux ou des plantes et, par extension, avoir soin des enfants[197] ». Dans la tradition française, celle du XIXe siècle précisément, *éducation* a surtout le sens de savoir se tenir, avoir la maîtrise de soi, savoir vivre, c'est-à-dire connaitre les habitudes de la classe supérieure, ses symboles, ses valeurs, ses mots de passe. Par contre, en anglais, l'éducation renvoie à l'enseignement comme institution, c'est-à-dire au système scolaire et universitaire. Aussi, si dans la tradition française *être éduqué* peut signifier savoir se tenir dans le double sens de garder son rang et garder son sang-froid, dans la tradition anglo-saxonne, *an educated person*, c'est quelqu'un d'instruit. Mais chacun admettra facilement que l'éducation ne saurait se limiter à la production des diplômés. C'est pourquoi nous utiliserons le terme *éducation* ici dans un sens global qui inclut aussi bien la tradition française que la tradition anglo-saxonne. Autrement dit, élever, enseigner et former n'ont pas pour nous des rapports d'exclusion, mais d'inclusion. De ce point de vue, nous pouvons dire que le projet towarien de la libération de l'Afrique du joug colonial par l'identification et l'introduction dans notre culture du secret de la puissance de l'autre et de sa domination sur nous ne souffre pas seulement d'une carence de réflexions éthiques

---

[196] Olivier Reboul, *La Philosophie de l'éducation*, Que sais-je ? Paris, PUF, 1989, p. 15.
[197] *Ibid.*, 15.

sur les effets pervers et les possibles dérives de la puissance et de la domination de l'homme sur la nature. On pourrait aussi lui reprocher de ne pas reposer sur un solide projet éducatif. Car, tout en reconnaissant lui-même que « le processus de libération commence par la libération mentale[198] » et qu'« aucune transformation historique ascensionnelle ne peut aboutir sans la mise en branle de la masse du peuple[199] », il ne nous propose pas une philosophie explicite de l'éducation. Ce qui ne signifie cependant pas que cette question soit totalement éludée par le philosophe d'Endama. Aussi, partant d'un certain nombre de ses allégations nous allons tenter d'en dégager les grandes lignes. Et, sur ce point, il nous semble que Towa fasse allégeance cette fois-ci à Kant.

En fait, contrairement aux empiristes qui nient l'existence d'une nature humaine et soutiennent que l'homme à sa naissance n'est rien – il est une table rase – et que c'est à chaque société qu'il revient d'en faire ce qu'elle veut, Kant estime qu'il existe une nature humaine qui réside dans la capacité de se perfectionner. Les empiristes et les culturalistes s'appuient souvent sur le cas des enfants sauvages trouvés dans un repaire de loup aux Indes en 1920. Deux filles, Amala (environ deux ans) et Kamala (huit ans), qui étaient incapables de se tenir debout, qui trottaient sur leurs coudes et leurs genoux, et qui, dépourvues de paroles, hurlaient comme les loups, etc. Or, cet exemple fait plutôt peser la balance du côté de Kant dans la mesure où ces enfants pouvaient encore être éduqués tandis que personne ne pourrait apprendre le langage, les techniques ou la moralité aux loups. Ce qui revient à dire qu'il y a bien une nature humaine qui réside dans la capacité d'apprendre. Car, malgré le retard ainsi pris, ces enfants n'étaient pas

[198] Marcien Towa, *Histoire de la pensée africaine*, *op.cit.*, p. 52.
[199] *Essai*, p. 49.

devenus des animaux parce qu'ils pouvaient encore apprendre et devenir des humains[200]. Ils pouvaient encore changer, s'améliorer, se perfectionner. Ce qui renforce l'idée de l'existence des principes épistémologiques et moraux innés, c'est-à-dire d'une Humanité qui sert de fondement à l'éducation. S'il n'y a pas cette Humanité à la base de l'éducation, qui a formé les premiers formateurs ?

Kant fonde donc l'éducation sur la liberté comprise dans le sens de la perfectibilité humaine. Selon le philosophe de Königsberg, l'homme serait un animal né avant terme. Ce qui revient à dire qu'à sa naissance il n'est pas encore pleinement un homme, mais doit le devenir. En d'autres termes, tandis que « l'animal, guidé dès l'origine et de façon sûre par la nature, est pour ainsi dire parfait dès sa naissance (...), à l'exemple des jeunes tortues de mer qui trouvent spontanément, c'est-à-dire aussitôt sorties de l'œuf, la direction de l'océan et savent immédiatement accomplir les mouvements qui leur permettent de marcher, de nager et ainsi de survivre, l'homme se perfectionne tout au long de sa vie[201] ». Tout ce qui rend humain : le langage, la pensée, les techniques, les sciences, les arts, la morale, etc., l'homme doit l'apprendre et il ne l'aura que parce qu'il l'a appris.

Contrairement donc à l'animal qui, dès qu'il naît est déjà ce qu'il doit être, l'homme parce qu'il est libre doit se cultiver lui-même : « sa liberté dessine un néant dont il devra dégager à travers le devenir son être. C'est pour cela que l'éducation est un problème propre à l'homme[202] ».

---

[200] Olivier Reboul, *La Philosophie de l'éducation*, *op.cit.*, pp. 19-21.

[201] Luc Ferry - Jean-Didier Vincent, *Qu'est-ce que l'homme ? Sur les fondamentaux de la biologie et de la philosophie*, Paris, Odile Jacob, 2001, p. 27.

[202] Alexis Philonenko, « Kant et le problème de l'éducation », introduction aux *Réflexions sur l'éducation* de Kant, Paris, Vrin, 1993, p. 26.

C'est aussi pour cela que l'homme est de loin supérieur à l'animal.

Le recours à Kant ici n'est pas neutre. L'existence d'une nature humaine empêche que chaque société fasse ce qu'elle veut de ses enfants. Elle impose à toute société le respect d'un certain nombre de droits fondamentaux – droit à l'éducation, au respect de l'âge des apprenants et de leurs talents, etc. – et pose des garde-fous à l'éducation : une société xénophobe n'a par exemple pas le droit d'inculquer le racisme à ses enfants, car « l'éducation est la modification de l'homme en vue de le rendre aussi heureux que possible et aussi utile aux autres que possible[203] ». Mais, en nous référant à Kant, nous voulons surtout, contre ceux qui ont élaboré une opposition ontologique entre la raison hellène et l'émotion nègre et ont admis que c'est l'Européen rationnel qui doit apporter le développement à l'Africain inapte par nature à maîtriser le monde, affirmer avec Marcien Towa qu'il existe une essence humaine générique qui réside dans la capacité de se transcender, de transformer le monde, de s'imposer un idéal, d'écrire son histoire[204]. En d'autres termes, contre la physico-psychologie ou le biologisme de Senghor selon lequel la race délimite le domaine de ce que le Nègre peut faire et de ce qu'il ne peut pas faire, aussi bien dans le domaine des sports que dans celui de l'esprit, Marcien Towa soutient qu'« aucune fatalité ne pèse sur le Nègre ; et ce point

---

[203] Alexis Philonenko, *op.cit.*, p.20.

[204] L'histoire, écrit Towa au début de son *Histoire de la pensée africaine*, « n'est rien d'autre que le récit des transformations dont nous sommes les acteurs », *op.cit.* p. 12. On pourrait nous reprocher de faire recours à Kant pour justifier la totale humanité du Noir alors qu'il semblait ne pas la reconnaitre. Mais tout en niant l'humanité au Noir, il y a chez lui une réflexion sur la détermination de l'humain en général qui est importante. Et c'est justement parce que la revendication de notre être propre doit veiller à ne pas laisser au « maître » le monopole de l'humanité que nous faisons nôtres ses réflexions.

[précise-t-il] est capital[205] ». Comme Césaire, il refuse tout ce qui peut fixer le Nègre, sur quelque plan que ce soit. La capacité d'autotransformation, selon le natif d'Endama, constitue une dimension décisive de l'humanité. Le Nègre n'en fait aucune exception. Il peut s'engager dans n'importe quelle direction, « à la condition qu'elle soit pensée ou repensée par lui ou pour lui »[206].

Selon Towa, l'idée développée par Senghor du Noir qui serait l'homme émotionnel et l'homme de la nature, c'est-à-dire, qui ignore l'opposition du sujet et de l'objet, qui est par essence incapable de s'opposer et de haïr, par opposition au Blanc qui serait l'homme de la volonté, guerrier, oiseau de proie, pur regard, etc.[207], est d'ailleurs démentie par les contes et fables africains qui opposent l'intelligence et la ruse de *Kulu* (la tortue) à la force brutale et à la bêtise de *Beme* (le sanglier), de *Zogo* (l'éléphant) ou de *Ze* (la panthère). Elle est aussi démentie par les rites d'initiation Bambara qui, pour préparer les jeunes à survivre dans un milieu infesté de bêtes féroces, « ont conçu et organisé des initiations au cours desquelles les adolescents devaient apprendre, entre autres choses, le courage physique et moral, l'endurance, la ruse, obligation étant faite à chaque initié de donner la preuve de son courage en tuant un fauve dans un corps à corps sans merci[208] ». Ce qui revient à dire que les Bambaras

[205] *Identité et transcendance*, p. 77.
[206] *Ibid.*, p. 77.
[207] Contrairement au Noir qui ignore l'opposition du sujet et de l'objet le Blanc, selon Senghor, est pur regard : « il le tient à distance, il l'immobilise, il le fixe. Muni d'instruments de précision, il le dissèque dans une analyse impitoyable. Animé d'une volonté de puissance, il tue l'autre, et dans un mouvement centripète, il en fait un moyen pour l'utiliser à des fins pratiques », L. S. Senghor, *Liberté I*, « Éléments constitutifs d'une civilisation négro-africaine », pp. 258-259, cité par Marcien Towa, in *Identité et transcendance*, p. 85.
[208] *Ibid.*, p. 95.

cultivaient eux aussi le savoir, la ruse et la maîtrise de soi. « Car [écrit Towa], dans la lutte contre les ennemis, la nature ou les hommes, il est essentiel de les connaitre objectivement et de se connaitre soi-même, de se contrôler aussi pour ne pas céder à la précipitation[209] ».

Marcien Towa ne doute donc pas un seul instant du fait que les potentialités de nos enfants sont aussi illimitées que celles des enfants des autres races. C'est d'ailleurs ce qui fonde son optimisme : les Africains ne sont pas nés pour porter éternellement des chaines, leur situation actuelle de dominés n'est pas irréversible. Car, comme enseignent les cycles de Kulu-la-Tortue, de Leuk-le-Lièvre et de Guizo-l'Araignée, « quelles que soient les difficultés de la vie, elles peuvent toujours être surmontées par celui qui fait bon usage de l'intelligence »[210]. En d'autres termes, la différence entre les forts et les faibles ou entre les dominants d'aujourd'hui et les dominés, réside dans le fait que les premiers sont conscients de leurs potentialités et les déploient, tandis que les seconds n'en ont nulle conscience et les laissent dormir[211]. Tout dépend donc des efforts que l'Afrique est prête à consentir pour offrir une éducation d'avant-garde à ses enfants. Ils représentent ses meilleures graines et ses champs les plus chers[212]. Ils sont sa plus

[209] *Ibid.* p. 95.

[210] *L'idée d'une philosophie négro-africaine*, Yaoundé, CLE, 1997, pp. 32-33.

[211] *Histoire de la pensée africaine*, p. 138.

[212] « Que faisons-nous de nos réserves de graines quand il a plu ? Nous voudrions bien les manger, mais nous les enfouissons en terre. La tornade qui annonce le grand hivernage de notre peuple est arrivée avec les étrangers, gens des Diallobé. Mon avis à moi, Grande Royale, c'est que nos meilleures graines et nos champs les plus chers ce sont nos enfants », Cheikh Hamidou Kane, *L'aventure ambiguë*, Julliard, Paris, 1961, PP. 62-63, cité par Marcien Towa, in *Essai*, p. 42.

grande arme si nous convenons avec Njoh Mouelle que « l'avenir est à l'intelligence[213] ».

Tout homme, parce qu'il est doué de pensée, est donc capable de prendre des distances par rapport aux déterminations naturelles. Cette distance lui permet de questionner le monde, de le juger et de le transformer. Cette affirmation de Luc Ferry[214] qui, contrairement aux doctrines matérialistes, reconnait à l'homme la capacité de se soustraire de la matière historique – la classe sociale dans laquelle on est né et on a été éduqué – et de la matière biologique – la race ou l'ethnie à laquelle on appartient – est importante ici parce qu'elle établit une relation entre l'éducation et l'optimisme, et remet en question toute conception fixiste de la culture, toute forme de fatalisme et d'historicisme : nous envoyons nos enfants à l'école pour qu'ils acquièrent les compétences qui leur permettent de transformer nos conditions d'existence.

L'homme, tout homme, parce qu'il est libre, c'est-à-dire perfectible, est donc le seul être capable d'histoire et de progrès. Car, tandis que « les termites, les abeilles ou les fourmis sont les mêmes depuis les milliers d'années, les sociétés humaines progressent, ou du moins changent, sous l'effet d'une double historicité : celle de l'individu, qui est l'éducation (d'où l'*Émile*) et celle de l'espèce, qui est la politique (d'où le *Contrat social*)[215] ». En d'autres termes, l'éducation en changeant les individus, en les rendant meilleurs, change aussi la société. Elle est donc incompatible avec l'idée d'une culture africaine authentique et immuable. Car, la culture est certes

---

[213] E. Njoh Mouelle, *Considérations actuelles sur l'Afrique*, Yaoundé, CLE, 2000, p. 49.

[214] Luc Ferry – Jean Didier Vincent, *Qu'est-ce que l'homme ? Sur les fondamentaux de la biologie et de la philosophie*, Paris, Odile Jacob, 2001, p. 31.

[215] *Ibid.*, p. 28.

originalité et particularité, mais il s'agit d'une originalité qui, pour être féconde, doit, sans pour autant se diluer dans le général incolore, s'opérer par l'accueil du différent, ouverture à l'autre[216]. Aussi, la conception de la culture africaine comme « un corpus stable et clos sur lui-même de représentations, de croyances ou de symboles qui auraient une forte affinité avec des opinions, des attitudes ou des comportements précis[217] », est incompatible avec l'éducation et est insoutenable parce qu'elle « ne reconnait pas le temps comme un facteur d'altération et de transformation essentielles et positives[218] ». Et, comme nous l'avons déjà signalé plus haut, cette idéologie fixiste, qui est destinée à éterniser le régime colonial, est méprisante pour les Africains eux-mêmes parce qu'elle tend à faire croire que l'Africain est dépourvu de toute historicité, de toute volonté d'émancipation, de toute capacité de se forger un nouvel être : il ne change pas, comme il était, ainsi il restera éternellement. Ce qui le ravalerait au rang des termites ou des abeilles et légitimerait, une fois de plus, l'esclavage et la colonisation[219].

Par l'éducation, l'homme est donc capable de progrès infini. Car, éduquer, comme l'ont enseigné Kant et Rousseau[220], c'est orienter un être qui, par sa liberté, peut

---

[216] Marcien Towa, « Principes de l'éducation coloniale », *op.cit.*, p. 33.
[217] Jean-François Bayart, *L'illusion identitaire*, Paris, Fayard, 1996, pp. 46-47.
[218]Fabien Eboussi Boulaga, *La crise du Muntu. Authenticité africaine et philosophie*, Paris, Présence africaine, 1977, p. 49.
[219] Les abeilles ont, certes, un savoir-faire, mais, parce que ce savoir-faire est routinier, elles peuvent être étudiées, maitrisées et domestiquées par l'homme.
[220] Kant, nous rapporte Alexis Philonenko, a lu l'*Émile* avec passion et sa lecture de l'*Émile*, comme plus tard la Révolution française, lui fit manquer sa promenade de tous les soirs à laquelle il ne dérogeait que rarement, *op.cit.*, p. 11.

être infiniment de choses ; « c'est développer les facultés d'être humain que chacun porte en soi[221] ». Et puisque la différence humaine réside dans la raison, et que cette dernière, nous rappelle le philosophe camerounais Joseph Nsame Mbongo, a deux pouvoirs, le pouvoir logique et épistémologique ou la capacité de découvrir les lois de la nature et le pouvoir de discernement pratique ou la capacité d'éclairer l'action, c'est-à-dire de s'orienter dans la réalité en optant pour le bien contre le mal[222], nous pouvons dire que tout homme est capable, par l'éducation, c'est-à-dire la découverte des lois de la nature et la pratique de la vertu, d'être libre dans le monde et d'y cohabiter pacifiquement avec d'autres hommes. En d'autres termes, c'est de la qualité de l'éducation que nous donnons à nos enfants que dépend notre être-dans-le-monde.

2. De la qualité de l'éducation que nous donnons à nos enfants comme l'élément le plus déterminant de notre avenir

Dire que l'homme, par l'éducation, est capable de progrès infini, c'est surtout affirmer qu'il est capable par l'éducation de devenir responsable de soi. À ce sujet, Kant écrit : « la Providence a voulu que l'homme soit obligé de tirer le bien de lui-même et elle lui dit en quelque sorte : va dans le monde – ainsi pourrait parler à l'homme le Créateur – je t'ai donné toutes les dispositions au bien. Il t'appartient de les développer et ainsi ton bonheur propre et ton malheur dépendent de toi[223] ». Et, plus loin, il revient à la charge en affirmant que « la grande leçon de l'*Idée d'une histoire universelle du point de vue cosmopolitique* est que

---

[221] O. Reboul, *op.cit.* p. 19.

[222] Joseph Nsame Mbongo, *La philosophie classique africaine*, Contre-histoire de la philosophie, Tome 1, paris, Harmattan, 2013, p. 241.

[223] E. Kant, *Réflexions sur l'éducation*, Introduction, traduction et note par Alexis Philonenko, Paris, Vrin, 1993, p. 27.

le sens concret de l'homme, ce qui le sépare de tout le reste de la création, est le travail. Ce devrait être son œuvre propre [dit Kant parlant de l'homme], que d'inventer ses moyens d'existence, son habillement, sa sécurité et sa défense extérieure pour lesquelles la nature ne lui avait donné ni les cornes du taureau, ni les griffes du lion, ni les crocs du chien, mais seulement les mains[224] ».

En fait, nous l'avons vu plus haut, la différence humaine réside dans le fait d'être doué de raison. Et l'éducation qui concourt au plein épanouissement de l'homme devrait permettre le plein accomplissement de cette faculté qui a deux pouvoirs : le pouvoir logique et épistémologique et le pouvoir de discernement pratique. Ce qui équivaut à dire que l'homme se réalise dans le savoir, c'est-à-dire la connaissance des lois de nature, et dans la sagesse, c'est-à-dire la vertu. Autrement dit, un homme bien éduqué est un homme capable de subvenir à ses besoins et de coexister pacifiquement avec les autres.

De ce point de vue, dans les contextes comme le nôtre où bien manger et bien se soigner relève encore du miracle parce que les hommes attendent tout du ciel, on devrait dire que c'est l'éducation qui a échoué. En d'autres termes, comme nous a enseigné Njoh Mouelle, la misère subjective par laquelle la plupart d'entre nous manque le strict nécessaire pour la survie est le signe d'une misère objective, d'une pauvreté d'esprit, par laquelle nous avons abdiqué de nos responsabilités au profit des forces imaginaires parce que nous avons choisi de bourrer nos esprits des explications superstitieuses qui passent l'entendement au lieu de nous atteler patiemment à la recherche des lois de la nature dont la connaissance nous permettrait d'être heureux chez nous, en Afrique[225].

---

[224] *Ibid.*, p. 77.
[225] E. Njoh Mouelle, *De la médiocrité à l'excellence*, P. 34.

En fait, si on considère que bien se nourrir et bien se soigner font partie du bien-être, personne ne peut dire que la recherche scientifique ne contribue pas au bien-être de l'homme eu égard aux innovations qu'elle a apportées dans les domaines de la médecine, de l'agriculture et de l'élevage. Et, selon Towa, si le capitalisme international s'est imposé à nos sociétés, c'est « grâce à la force physique supérieure qu'il tire de la connaissance scientifique des éléments et des processus naturels et de l'application de cette connaissance à l'activité militaire et productive[226] ». En d'autres termes, l'homme étant un être naturel, c'est-à-dire constitué d'éléments matériels et en ayant besoin pour éviter sa désintégration, celui qui a empire sur les éléments et phénomènes naturels a également empire sur l'homme : « s'assurer le contrôle des éléments et des autres phénomènes naturels par la science et la technologie [conclut Towa], c'est donc s'assurer le droit de vie et de mort sur ceux qui ignorent ce secret de la puissance. L'inégalité dans ce domaine se traduira inéluctablement par l'inégalité sur le plan politique[227] ». Par ces paroles, Towa nous rappelle l'enseignement d'Héraclite selon lequel nous vivons dans un monde qui est un théâtre de la lutte des forces contraires et où les équilibres ne peuvent être que des équilibres de la terreur. En d'autres termes, les plus puissants, c'est-à-dire ceux qui ont la supériorité, sur le plan de la connaissance et du contrôle des phénomènes naturels, établissent leur domination sur les autres, c'est-à-dire ceux qui sont scientifiquement moins avancés. Ce qui devrait nous amener à placer la question de l'éducation au centre de toutes nos préoccupations : notre autonomie, dans quelque domaine que ce soit, dépend des sacrifices que

[226] *L'idée d'une philosophie négro-africaine*, pp. 51-52.
[227] *Ibid.*, pp. 57-58.

nous sommes prêts à consentir dans le domaine de la recherche scientifique.

Les vérités scientifiques, elles aussi, pas seulement les vérités religieuses, nous rendent donc libres. En Afrique, elles devraient nous libérer du spectre des grandes épidémies et permettre le renouvellement de l'agriculture et de l'élevage par la sélection des espèces, la fabrication des engrais, des pesticides et des vaccins vétérinaires, etc. Mais, surtout, elles devraient nous permettre d'édifier une puissance comparable aux plus grandes puissances de notre temps, et donc nous rendre capables de résister aux agressions éventuelles de l'impérialisme qui constitue la plus grande menace à la paix et à la stabilité des États africains, parce qu'il veut se servir de ces états comme instrument d'oppression des peuples afin de continuer à profiter des richesses immenses dont regorge le sous-sol africain.

Les Africains doivent donc mettre au monde leur Louis Pasteur[228]. Or, si nous nous accordons à considérer Louis Pasteur comme un des grands génies de tous les temps, il reste évident qu'il n'est pas né grand expérimentateur, mais l'est devenu grâce à la formation reçue, c'est-à-dire grâce aux conditions mises en place par son pays, la France, pour permettre l'éclosion des génies ou l'expression des talents. Lors de la coupe du monde de football 2018 qui s'est déroulée en Russie, les Africains en général et les Camerounais en particulier ont revendiqué l'origine africaine de Mbappè et ses compagnons. Mais seraient-ils devenus ce qu'ils sont aujourd'hui si la France n'avait pas mis en place toutes ces structures d'accompagnement qui favorisent l'éclosion et l'expression des talents ? Combien

---

[228] Njoh Mouelle, *La philosophie, l'action et la* politique, Yaoundé, PUCAC, 2017, p.79.

de Mbappè naissent en Afrique et n'arrivent pas à s'exprimer faute de structures d'accompagnement ?

L'avenir de l'Afrique dépend donc de ce qu'elle fait de ses enfants, de son système éducatif. C'est ce dernier qui doit démolir la ténébreuse prison idéologique – l'âme nègre essentiellement émotionnelle et religieuse – dans laquelle une certaine Négritude voudrait nous enfermer. C'est lui qui doit faire reculer la sphère du miraculeux – la prolifération des églises de réveil – et la mentalité superstitieuse au profit de l'esprit scientifique, car « la science et la technologie moderne [écrit Towa], fournissent des moyens de domination ou de libération autrement plus sûrs que les supposés pouvoirs surnaturels des personnages de la mythologie biblique qui ne sont que des fantasmes de la mentalité magico-religieuse des Hébreux[229] ». Bref, le système éducatif doit donner à l'Afrique des hommes capables de transformer ses richesses potentielles en richesses réelles, c'est-à-dire des hommes qui font une grande place à la rationalité dans leur vie, qui savent qu'il existe une relation de cause à effet entre les actes qu'ils posent et les conséquences qui en découlent, « qui tournent le dos au fatalisme pour être prêt à prendre et reconnaitre leurs responsabilités devant leurs réussites tout comme devant leurs échecs[230] ».

Cependant, s'il est vrai que le système éducatif doit offrir aux hommes les capacités de se prendre en charge ou de subvenir à leurs besoins au lieu de continuer à attendre l'aide du ciel ou des puissances étrangères, il n'en demeure pas moins que « la misère de l'homme n'est pas supprimée par le simple fait qu'il mange à sa faim[231] », car on peut être

[229] Towa, *L'idée*, p. 58.
[230] Njoh Mouelle, *La philosophie, l'action et la politique*, p. 68.
[231] ID., *De la médiocrité à l'excellence*. Essai sur la signification humaine du développement, p. 28.

malheureux tout en ayant la possibilité de manger à sa faim. Ainsi, s'il est vrai que nul n'est libre dans la nécessité, il n'en demeure pas moins que l'autonomie ou la liberté que nous concède la jouissance n'est pas totale si elle ne s'accompagne pas de l'autonomie morale. Autrement dit, l'homme ne réalise pas encore toute son humanité en devenant apte à subvenir à tous ses besoins, « il doit aussi acquérir une disposition (*Gesinnung*) à ne choisir que des fins bonnes (…), celles qui sont nécessairement approuvées par chacun et qui au même moment pourraient être les fins de chacun[232] ». L'habileté n'est donc pas l'unique fin de l'éducation. Elle doit être complétée par la moralité. Car, comme nous rappelle Catherine Chalier, « la science et les arts s'accommodent de l'immoralité[233] ». Mieux, « la toute-puissance des hommes se montre parfois corrélative de la certitude qu'on peut tout faire de l'homme[234] ». Comme ce fut le cas à Auschwitz où les gens de culture, non seulement furent impuissants à endiguer « l'enfer des maux », mais pactisèrent avec lui[235]. D'où la nécessité pour chaque communauté, en plus de la promotion de la recherche scientifique, de former intérieurement ses citoyens. Ici encore la Chine pourrait nous servir d'exemple.

En fait, selon Jan Deleyne, Mao récusait les thèses mécanistes de certains marxistes. Il n'était pas d'avis que la collectivisation des moyens de production entraine nécessairement la disparition des classes sociales et suffit à faire des citoyens des hommes nouveaux dotés des vertus que requiert la construction du socialisme. Il estimait donc qu'une réforme intellectuelle et morale était indispensable pour inculquer aux citoyens les principes du socialisme et

---

232 Kant, *op.cit.*, p. 83.

233 Catherine Chalier, *Pour une morale au-delà du savoir, Kant et Levinas*, Paris, Albin Michel, 1998, p. 23.

234 E. Levinas, *De Dieu qui vient à l'idée*, Paris, Vrin, 1998, p. 84.

235 C. Chalier, *Op.cit.*, p. 17.

les faire appliquer dans la vie privée et publique. « Sa conviction s'est renforcée quand il a constaté que dans certains États socialistes, la collectivisation des moyens de production n'empêchait pas la formation de classes sociales, à commencer par celle des bureaucrates, occupés à maintenir leurs privilèges[236] ». Aussi, pensa-t-il que, « pour créer cet homme nouveau, il faudra une rééducation spirituelle, un renouveau de l'esprit[237] ». Et, pour y parvenir, il proposa à la dévotion des masses des modèles de civisme et de dévouement plutôt que les champions du travail. Les dirigeants chinois ne privilégièrent donc pas la productivité dès le départ. Pour mener à bien leur révolution, ils firent avant tout confiance à la conscience civique des masses, espérant qu'après avoir rétabli une société juste et plus égalitaire, ils seront payés en retour par une meilleure productivité[238]. Cette primauté de la morale sur la productivité confirme l'antique sagesse aristotélicienne du primat de l'acte sur la puissance[239]. En d'autres termes, de même qu'on ne saurait avoir des œufs sans la poule, on ne peut avoir des bonnes œuvres sans avoir des hommes moralement accomplis. Car, comme rappelle Ludovic Lado, « une société sans conscience morale n'a pas d'avenir »[240], car « le mal engendre toujours le mal »[241].

L'Afrique n'a donc pas seulement besoin de son Louis Pasteur et de son Einstein qu'elle aurait peut-être même

---

[236] Jan Deleyne, « Idéologie et développement en Chine populaire », in *Tiers-Monde*, tome 15, n°57, 1974, pp 199-200.
[237] *Ibid.*, 201.
[238] *Ibid.*, 201.
[239] « D'un être en puissance un être en acte est toujours engendré par un autre être en acte ». En d'autres termes, le bien et le beau, selon Aristote, sont toujours au début, *Métaphysique*, IX, 8, 1049b 25, traduction de J. Tricot, Paris, Vrin, 1986, p. 508.
[240] Ludovic Lado, *De la déchéance à la dissidence. Quel christianisme pour la renaissance du Cameroun*, Yaoundé, Clé, 2008 p. 12.
[241] *Ibid.*, p. 11.

déjà, elle a aussi besoin de son Mao Tsé-toung, de ses Thomas Sankara et de ses Um Nyobe, c'est-à-dire des hommes capables de se sacrifier pour leur peuple et leur terre et non des profiteurs. Car, autant on ne saurait dire d'un homme qui ne sait pas utiliser son intelligence pour subvenir à ses besoins qu'il a été bien éduqué, autant on ne pourra dire d'un expert, en quelque domaine que ce soit, qu'il est bien éduqué s'il est de mauvaise moralité. Mais, peut-on reprocher à Marcien Towa d'avoir insisté uniquement sur la puissance que procure la science comme moyen de libération de l'Afrique et d'avoir totalement éludé la question très importante de la moralité publique ou de la bonne gouvernance ?

Nous répondons par la négative. Towa n'ignore pas la force d'inertie que représentent les féodalités indigènes. « C'est un fait bien connu, martèle-t-il, que le colonialisme et le néocolonialisme reposent sur l'alliance avec les féodalités locales (…), qui, de leur côté, reçoivent leur part de l'exploitation des masses et soutiennent le capitalisme et les puissances impérialistes. Il en résulte [conclut-il], que l'opposition à la domination étrangère entraîne finalement l'opposition au féodalisme et à toutes les puissances conservatrices et inversement[242] ». On ne peut donc pas, selon Towa, dénoncer l'impérialisme en étant les thuriféraires des féodaux indigènes. Autrement dit, il n'y a aucun doute sur le fait que Towa dénonce la mauvaise gouvernance de nos dirigeants et leur complicité avec l'empire. Mais lorsque l'Afrique a eu des bons gouvernants qu'est-ce que le grand capital international en a fait ? Si l'Afrique est actuellement, dans son ensemble, sous le contrôle d'un système mondial de domination, ce n'est donc pas fondamentalement à cause de la mauvaise gouvernance. Car de bons gouvernants, elle a souvent eus.

---

[242] *Identité et transcendance*, p. 161.

Seulement, s'ils avaient le charisme, le patriotisme et parfois même beaucoup d'argent, la puissance que procure la science leur a souvent fait défaut. C'est pourquoi Towa affirme que « si nous ne nous approprions pas le principe de la puissance européenne, si nous ne devenons pas puissants comme l'Europe, jamais nous ne pourrions sérieusement secouer le joug de l'impérialisme européen[243] ». L'Afrique a donc toujours besoin des nationalistes et des patriotes. Mais, ces derniers doivent savoir qu'ils ne pourront véritablement se soustraire de la domination extérieure que lorsqu'ils pourront compter sur leur propre puissance. Aussi doivent-ils investir plus dans la recherche au lieu de compter sur la prière des églises de réveil espérant que se produise à nouveau la victoire miraculeuse de David contre Goliath.

[243] *Ibid.*, p. 55.

Conclusion

Penser, nous a rappelé très récemment Manga Bihina, n'est ni un épiphénomène ni un appendice, mais un devoir[244], car il n'y a d'homme que par la pensée. Dès lors, personne n'aurait l'excuse de ne pas penser. Car, à supposer qu'on cesse de penser, on cesse aussi, par ce fait même, d'exister comme homme. Mieux, on s'installe, soit dans l'attitude du mineur qui laisse les autres penser pour lui et n'est pas responsable de ses actes, soit, pire encore, dans celle de l'animal dont le propre est la navigation à vue.

Mais que veut dire penser ?

Selon Socrate, penser c'est passer des opinions multiples vers l'idée ou le concept : c'est définir. Autrement dit, la philosophie est pour l'agir ce que la théorie est pour la pratique : sans une idée claire et distincte de ce qu'on veut faire, on est condamné à l'amateurisme et aux inutiles pertes d'énergie. De la même manière sans une définition préalable de l'émergence, l'action gouvernementale qui doit y conduire manque d'idée directrice et se condamne au piétinement et à la stagnation. On se trouve alors empêtré dans les mots comme un oiseau dans les gluaux qui s'englue davantage au fur et à mesure qu'il se débat.

Ainsi, avant de parler de l'émergence des États africains ou de la libération de l'Afrique, nous avons tenu à préciser ce qu'elle signifierait. Marcien Towa la situe dans le

---

244 « Le devoir de penser », in *Philosophie et développement. De la philosophie du questionnement du développement aux perspectives de l'émergence*, sous la direction de Manga Bihina, Paris, Harmattan, 2015.

passage du mode de production agropastoral au mode de production industrielle. Pour lui, elle est une affaire d'éducation et de formation. Et, la tâche la plus urgente de l'éducation est d'amener les jeunes générations à reprendre confiance en eux-mêmes en leur montrant que leurs potentialités sont aussi illimitées que celles des autres races[245]. Autrement dit, le processus de libération de l'Afrique, selon Marcien Towa, doit commencer par une libération mentale : nous devons nous défaire de l'âme nègre émotive et religieuse et, par conséquent, inapte à l'activité scientifique, dans laquelle les adeptes de la théologie missionnaire nous ont enfermés dans le but de légitimer la colonisation et la propagation du christianisme[246].

Selon Marcien Towa, « ce sont les peuples noirs de la vallée du Nil qui, les premiers, ont développé les sciences et les techniques[247] », « Cheikh Anta Diop [rappelle-t-il] a bien établi tout cela[248] ». Le philosophe camerounais ne fait donc pas dans l'autodénigrement. Contrairement à Paulin Hountondji, il soutient que le fait que la tradition africaine soit orale ne fait pas des Nègres des sous-hommes, incapables de pensée, car « l'oralité socratique a fondé la rationalité occidentale[249] ». Mais, en même temps, il rappelle aux ethnophilosophes qu'il n'y a pas de pensée sans histoire : « les Africains ne pensent pas toujours et partout la même chose ni de la même manière[250] ». Aussi,

---

[245] Marcien Towa, *Histoire de la pensée africaine*, pp. 137-138.

[246] À partir du moment où on admet que l'âme nègre est essentiellement émotive, religieuse et inapte à la rigueur scientifique, l'apport de l'Europe pour le développement de l'Afrique devient nécessaire. Par conséquent, la colonisation ne pose plus aucun problème de conscience à l'Europe.

[247] *L'idée d'une philosophie négro-africaine*, p. 24.

[248] *Histoire de la pensée africaine*, p. 16.

[249] *Ibid.*, p. 19.

[250] *Ibid.*, p. 35.

au lieu de leur imposer un esprit bantou absolu à ne pas remettre en question et les enfermer dans un rôle prédéterminé par l'Europe impérialiste, Towa nous exhorte à étudier l'histoire de la pensée africaine, à découvrir les différents systèmes de pensée qui s'y sont succédé dans le temps, à les évaluer afin de choisir le meilleur, c'est-à-dire celui qui répond le mieux à nos aspirations présentes. Cela ne fait de lui ni un idéologue blasphémateur ni un assimilationniste. Il est tout simplement un philosophe moderne : sa philosophie est essentiellement un combat de la pensée libre contre toutes les formes d'obscurantisme, de dogmatisme ou d'asservissement. Autrement dit, parce que c'est la raison qui fait de nous des hommes, nous devons, comme tous les hommes, avoir le droit de soumettre toutes les doctrines aux objections rationnelles afin de décider de leur validité ou non par rapport aux combats qui sont les nôtres.

S'il est donc vrai, comme disait Njoh Mouelle, qu'il y a une valeur dans la tradition dans la mesure où elle sauvegarde l'unité de caractère sans laquelle le peuple, tout comme l'individu, n'aurait pas de personnalité puisque du passé au présent, chaque peuple, comme tout homme pris individuellement, a besoin d'un fil conducteur grâce auquel il peut se reconnaître malgré sa réalité mouvante et changeante[251], il n'en demeure pas moins que « sans la différence entre le passé et le présent il n'y a pas d'avenir »[252]. Autrement dit, au lieu de considérer nos traditions comme éternellement bonnes, saintes et justes,

[251] En bon bergsonien, Njoh Mouelle nous rappelle que tout comme la personne, parce qu'elle dure, a besoin d'un permanent ontologique ou d'un élan intérieur qui le propulse vers l'avenir et, portant le passé, constitue son présent, chaque peuple a besoin de se souvenir de soi sous peine de vivre une existence décousue et somnambulique, *De la médiocrité à l'existence*, pp. 62-63.

[252] Fabien EboussiBoulaga, *Lignes de résistance*, p 21.

comme s'il ne nous restait plus, pour résoudre tous nos problèmes actuels, qu'à marcher droit, comme des moutons, sur les traces de nos ancêtres, notre humanité nous oblige à les questionner en permanence afin d'invalider tout ce qui, en elles, pourrait nous rendre complices sans le savoir et sans le vouloir de notre situation actuelle de dominés.

S'inspirant de l'authentique sagesse africaine véhiculée par les cycles de contes de Kulu-la-Tortue, de Leuk-le-Lièvre et de Guizo-l'Araignée, Marcien Towa nous rappelle qu'il y va des relations entre les peuples comme des relations entre les hommes : c'est celui qui se sert le plus de son intelligence qui finit par dominer l'autre. Or, qui dit intelligence dit savoir. Et le savoir par excellence, celui qui concède le plus de pouvoir aux hommes, c'est la science. Aussi affirme-t-il, à la suite de Marcus Garvey, que « les batailles de l'avenir, qu'elles soient physiques ou d'ordre mental, se livreront scientifiquement. Par conséquent, la race qui sera en mesure de réaliser le plus grand développement scientifique est celle qui, finalement, l'emportera et dominera[253] ».

La libération de l'Afrique ne viendra donc ni du ciel ni de la reconnaissance par l'autre de notre humanité. Elle dépend des efforts qu'elle consentira pour donner une éducation de qualité à ses filles et à ses fils. Au lieu donc de continuer à dénoncer le matérialisme ou le cynisme de l'Occident, nous devons, si la libération est notre but, nous investir à fond dans la recherche scientifique et nous débarrasser de tout ce qui s'y oppose : l'ignorance, la superstition, la corruption, la gabegie, etc.

---

[253] *Histoire de la pensée africaine*, p. 137.

Bibliographie

ARON R., *Introduction à la philosophie politique. Démocratie et révolution*, Paris, Édition de Fallois, 1997

----------, *Les désillusions du progrès. Essais sur la dialectique de la modernité*, Paris, Gallimard, 1996.

BAYART, J-F., *L'Etat en Afrique : la politique du ventre*, Paris, Fayard, 1989.

-----------, *L'illusion identitaire*, Paris, Fayard, 1996.

BIDIMA, G., *La palabre, une juridiction de la parole*, Éditions Michalon, Paris, 1997

CHALIER C., *Pour une morale au-delà du savoir, Kant et Levinas*, Paris, Albin Michel, 1998

DE LACHARRIERE R., *Études sur la théorie démocratique*, Paris, Payot, 1963.

DELEYNE, J., « Idéologie et développement en Chine populaire », in *Tiers-Monde*, tome 15, n° 57, 1974.

DIAGNE, S., B., « La Négritude comme mouvement et comme devenir », Paris, *Rue Descartes* 2014/4 (n° 83), pp. 50-61.

-----------, « Senghor et la question qui se pose toujours », Entretien avec Nadia Yala Kisukidi, in *ThéoRèmes*, mis en ligne en novembre 2013, journals.openedition.org.

EBOUSSI BOULAGA F., *Les conférences nationales. Une affaire à suivre*, Paris, Karthala, 1993

-----------, *La crise du Muntu. Authenticité africaine et philosophie*, Paris, Présence africaine, 1977.

------------, *À contre temps, l'enjeu de Dieu en Afrique*, Paris, Karthala, 1991.

------------, *Lignes de Résistance*, Yaoundé, CLE, 1999.

FANON, F., *Les Damnés de la terre,* Paris, Gallimard, coll. Folio

FERRY L – JEAN DIDIER VINCENT, *Qu'est-ce que l'homme ? Sur les fondamentaux de la biologie et de la philosophie*, Paris, Odile Jacob, 2001

FOUCAULT, M., *L'archéologie du savoir*, Paris, Gallimard, 1969,

FOUDA, B-J., - SINDJOUN POKAM, *La philosophie camerounaise à l'ère du soupçon. Le cas Towa*, Yaoundé, Le Flambeau, 1980.

GROS F., Gros, *L'ingénierie du vivant*, Paris, Odile Jacob, 1990.

HEBGA, M., « Éloge de l'ethnophilosophie », in *Présence africaine*, Paris, N°123, 1982.

----------, *Afrique de la foi Afrique de la Raison*, Paris, Karthala, 1995.

KANT I., *Réflexions sur l'éducation*, Introduction, traduction et note par Alexis Philonenko, Paris, Vrin, 1993

LADO, L., *De la déchéance à la dissidence. Quel christianisme pour la renaissance du Cameroun*, Yaoundé, Clé, 2008

----------, « Ethnophilosophie africaine et philosophie : Marcien Towa a-t-il compris Meinrad

Hebga ? », in *Philosophes du Cameroun*, Yaoundé, Presses universitaires de Yaoundé, 2006.

LEVINAS E., *De Dieu qui vient à l'idée*, Paris, Vrin, 1998.

MAO TSE TOUNG, « la démocratie nouvelle », in *Œuvres choisies de Mao Tse Toung*, tome 2, Pékin, Éditions du Peuple, 1952, Édition électronique réalisée par Vincent Gouysse à partir de l'ouvrage publié aux Éditions en langues étrangères de Pékin en 1965, www. Marxisme.fr

MANGA BIHINA, « Le devoir de penser », in *Philosophie et développement. De la philosophie du questionnement du développement aux perspectives de l'émergence*, sous la direction de Manga Bihina, Paris, Harmattan, 2015.

MARITAIN, Jacques, *Humanisme intégral. Problèmes temporels et spirituels d'une nouvelle chrétienté*, Paris, Aubier, 1947, pp. 19-23.

MBELLE, Romain Charles, « Métaphysique et politique dans la pensée postcoloniale en Afrique subsaharienne », in *Cameroonian studies in philosophy*, N° 1, juin 2015.

------------, « Marcien Towa : l'idée de l'Europe et nous », *Philosophes du Cameroun*, Presses Universitaires de Yaoundé, 2006.

MBEMBE, A., *Sortir de la grande nuit. Essai sur l'Afrique décolonisée*, Paris, La découverte, 2010

MBONDA, E-M., « Traditions orales et transmission de la pensée philosophique : à partir de Marcien Towa et Henry Odera Oruka », in *Justice cognitive, libre accès et savoirs locaux. Pour une science ouverte, juste, au service du développement local durable*, sous la direction de Florence Piron, Samuel Regulus et Marie Sophie Dibounje Madiba, Québec, Éditions science et bien commun. En ligne à https://scienceetbiencommun.pressbooks.pub/justicecognitive1.

NJOH MOUELLE E., *De la médiocrité à l'excellence. Essai sur la signification humaine du développement*, 4e édition, Yaoundé, CLE, 2011.

………, *Jalons II. L'africanisme aujourd'hui*, Yaoundé, Clé, 1975.

………, *La philosophie, l'action et la politique*, Yaoundé, PUCAC, 2017.

…………, *Discours sur le Cameroun. Réflexions sur les réalités et les potentialités camerounaises*, Yaoundé, PUCAC, 2017.

………, *Considérations actuelles sur l'Afrique*, Yaoundé, Clé, 2000.

NSAME MBONGO J., *La philosophie classique africaine. Contre histoire de la philosophie*, Tome 1, Paris, Harmattan, 2013.

-----------------, « Le rationalisme critique progressiste : la voie philosophique de Marcien Towa et ses difficultés », in *Philosophes du Cameroun*, Presses Universitaires de Yaoundé, 2006.

OLABIYI BABALOlLA YAI, « Théorie et pratique en philosophie africaine : misère de la philosophie spéculative », in *Présence africaine*, Paris, N° 108, 4e Trimestre 1978.

ONDOUA, P., « Par-delà la Transcendance. Une lecture critique d'*Identité et transcendance* de Marcien Towa », in *Un monde différent. Défi du présent, utopie créatrice de l'avenir*, Paris, Harmattan, 2018, PP. 208-209.

-----------, *Positivité scientifique et positivisme idéologique. Une analyse épistémo-politique du fétichisme de la science*, Toulouse-le-Mirail, 1989.

POAME, L. M, « Les ipséités culturelles face à la dynamique universaliste du phénomène technique et de la démocratie », in *Diversité humaine. Démocratie, multiculturalisme et citoyenneté*, sous la direction de Lukas K. Sosoe, Laval, Harmattan, 2002.

-----------, « Système technicien, Mondialisation et Démocratie en Afrique », Séminaire virtuel de philosophie du droit, Université virtuelle francophone, www.uvf.org.

POPPER K., *La société ouverte et ses ennemis*, tome 1, *L'ascendant de Platon*, Paris, Seuil, 1976.

-----------, *Misère de l'Historicisme*, Paris, Plon, 1956.

REBOUL O., *La philosophie de l'éducation*, Que sais-je ? Paris, Presses universitaires de France, 1989

ROUSSEAU, Jean-Jacques, *Du contrat social ou principes du droit politique*, Paris, Classiques Garnier, 1962.

SAMBA, D., « La problématique de l'ethnophilosophie dans la pensée de Marcien Towa », *Le Portique*, 5-2007/Recherches, mis en ligne le 7 décembre 2007. URL : http://journals.openedition.org/leportique/1381.

SAMIR, A., « Le modèle chinois de développement : origines et parcours dans la mondialisation actuelle », in *Vie économique*, Vol. 1, N° 2, Version numérique.

SERRES M., *Le contrat naturel*, Paris, François Bourin, 1990.

SHAYEGAN Daryush, « Le choc des civilisations », in *Esprit*, Paris, Seuil, avril 1996.

TOCQUEVILLE, *De la démocratie en Amérique*, tome 1, Paris, Flammarion, 1981.

TOWA M., Essai *sur la problématique philosophique dans l'Afrique actuelle*, Yaoundé, CLE, 1971

---------, *L'idée d'une philosophie négro-africaine*, Yaoundé, Clé, 1997.

-----------, *Valeurs culturelles et développement*, exposé présenté au Séminaire *de* lutte contre la pauvreté, Elig-Mfomo, le 12/07/2000 ? Suivi de « La preuve par le comportement », Communication à la réunion d'experts de Libreville, 18-22 novembre 1985, AMA-CENC 2001.

---------, *Identité et transcendance*, Paris, Harmattan, 2011.

-----------, *Histoire de la pensée africaine*, Yaoundé, CLE, 2015

-----------, « Principes de l'éducation coloniale », in *ABBIA*, Revue Culturelle Camerounaise – Cameroon Cultural Review, N° 3, Yaoundé, septembre 1963

-----------, « Aimé Césaire, prophète de la révolution des peuples noirs », in *ABBIA*, Revue Culturelle Camerounaise – Cameroon Cultural Review, N°21, Janvier-Avril 1969, p. 53.

YAO, K., « Émergence des États postcoloniaux d'Afrique : Contre ou par-delà la rationalité technoscientifique ? », in Revue Ivoirienne de Philosophie et de Sciences humaines, http//perspectivesphilosopiques.net

Table des matières

Structures éditoriales du groupe L'Harmattan

L'Harmattan Italie
Via degli Artisti, 15
10124 Torino
harmattan.italia@gmail.com

L'Harmattan Hongrie
Kossuth l. u. 14-16.
1053 Budapest
harmattan@harmattan.hu

L'Harmattan Sénégal
10 VDN en face Mermoz
BP 45034 Dakar-Fann
senharmattan@gmail.com

L'Harmattan Cameroun
TSINGA/FECAFOOT
BP 11486 Yaoundé
inkoukam@gmail.com

L'Harmattan Burkina Faso
Achille Somé – tengnule@hotmail.fr

L'Harmattan Guinée
Almamya, rue KA 028 OKB Agency
BP 3470 Conakry
harmattanguinee@yahoo.fr

L'Harmattan RDC
185, avenue Nyangwe
Commune de Lingwala – Kinshasa
matangilamusadila@yahoo.fr

L'Harmattan Congo
67, boulevard Denis-Sassou-N'Guesso
BP 2874 Brazzaville
harmattan.congo@yahoo.fr

L'Harmattan Mali
ACI 2000 - Immeuble Mgr Jean Marie Cisse
Bureau 10
BP 145 Bamako-Mali
mali@harmattan.fr

L'Harmattan Togo
Djidjole – Lomé
Maison Amela
face EPP BATOME
ddamela@aol.com

L'Harmattan Côte d'Ivoire
Résidence Karl – Cité des Arts
Abidjan-Cocody
03 BP 1588 Abidjan
espace_harmattan.ci@hotmail.fr

Nos librairies en France

Librairie internationale
16, rue des Écoles
75005 Paris
librairie.internationale@harmattan.fr
01 40 46 79 11
www.librairieharmattan.com

Librairie des savoirs
21, rue des Écoles
75005 Paris
librairie.sh@harmattan.fr
01 46 34 13 71
www.librairieharmattansh.com

Librairie Le Lucernaire
53, rue Notre-Dame-des-Champs
75006 Paris
librairie@lucernaire.fr
01 42 22 67 13

www.ingramcontent.com/pod-product-compliance
Lightning Source LLC
LaVergne TN
LVHW051401061026
849535LV00009B/3298